生活因阅读而精彩

生活因阅读而精彩

30年后你拿什么养老
第一次领薪水就要懂的理财方法
黄琳◎编著
中国華僑出版社

图书在版编目(CIP)数据

30年后,你拿什么养老:第一次领薪水就要懂的理财方法 / 黄琳编著.—北京:中国华侨出版社,2012.9

ISBN 978-7-5113-2941-7

Ⅰ.①3… Ⅱ.①黄… Ⅲ.①家庭管理-财务管理 Ⅳ.①TS976.15

中国版本图书馆CIP数据核字(2012)第225998号

30年后,你拿什么养老:第一次领薪水就要懂的理财方法

编　　著 / 黄　琳
责任编辑 / 尹　影
责任校对 / 吕　宏
经　　销 / 新华书店
开　　本 / 787×1092毫米　1/16开　印张/17　字数/260千字
印　　刷 / 北京建泰印刷有限公司
版　　次 / 2012年11月第1版　2012年11月第1次印刷
书　　号 / ISBN 978-7-5113-2941-7
定　　价 / 29.80元

中国华侨出版社　北京市朝阳区静安里26号通成达大厦3层　邮编:100028
法律顾问:陈鹰律师事务所
编辑部:(010)64443056　64443979
发行部:(010)64443051　传真:(010)64439708
网址:www.oveaschin.com
E-mail:oveaschin@sina.com

前言

目前,在我国已经掀起一股理财热,理财节目、理财培训、理财杂志、理财产品、理财专家等不断地在这片古老的土地上出现,理财观念也渐渐深入国人的头脑中。

随着生活压力、职场压力、家庭压力的不断增加,很多人开始踏上理财的列车,其实从你领第一笔薪水开始,就要唤醒你的理财意识。在理财界,有一句话叫做“赶早不赶晚”。而且,随着生活膨胀的不断加剧,你有没有想过30年后的自己将会过怎样的生活?30年后,你会如何老去?是晚景凄凉,过着节衣缩食的结据日子?还是可以潇洒地度过人生的最后二三十年?

人生路上充满了风雨,所以我们必须未雨绸缪、居安思危,为未来风险的到来早作打算,这样在风险来临的时候,你依然能够淡定、从容地面对。因此,要想在30年后仍然保持高品质的生活,你只有一个出路,那就是理财。

理财是让你的财富由小变大、积少成多的手段,所以在你领到第一笔薪水的时候,就应该及时树立正确的理财观念,合理地分配自己手中的资金,使自己的生活幸福轻松而有秩序。

在理财中，还要注意理财产品以及理财工具之间的区别，明白股票、基金、债券、外汇等之间的含义以及它们之间的区别，知道什么样的投资工具适合什么样的投资，明白在人生的某个阶段应该选择何种投资方式，甚至可以根据自己的月薪专门筹划一个理财方案，当你通过投资获得了足够的资金，你就可以考虑开创自己的事业，走上创业之路。

本书《30年后，你会如何老去——第一次领薪水就要懂的理财方法》用理论联系实际的方式多角度地详述了我们一生中所要树立的理财观念和所要掌握的理财知识。既有翔实准确的专业性的涉及理财各个方面的理论知识，也有生动幽默的理财案例，让读者在读过本书之后可以更加从容地面对未来人生的风风雨雨，幸福从容地度过高品质的一生。

最后，本书编者衷心地祝愿所有的有志于理财的朋友都能够梦想成真，实现财务自由，拥有幸福美满的生活。

目录

第一章

小财大用

从第一笔薪水开始，唤醒你的理财意识

当你开始步入社会，当你领到人生中第一笔薪水的时候，你必须及时唤醒自己的理财意识，从现在开始，不断地进行理财，不断地投资，因为只有这样才能小财大用，积少成多，早日实现财务自由的梦想，为未来的幸福生活打下坚实的基础。

① 理财与不理财，人生绝对不一样

学会理财和不会理财的人生绝对不一样，学会理财，我们就会在人生的各个阶段有着清楚的目标和奋斗方向，能够合理分配资产，学会理想消费，同时也为未来实现财务自由的梦想打下了坚实的基础。知识改变命运不是一句空话，尤其是掌握理财知识能改变命运。

② 理财≠有钱人的事

很多人认为理财只是有钱人做的事情，但是在理财这一领域，有钱与否不重要，重要的是学会理财，在生活中养成理财的好习惯。习惯成自然，等你积累一定资本后进行理财，那么你离富人的行列就会越来越近。理财应该从你第一

6 存钱就像挤海绵里的水

有人曾经说过，时间就像海绵里的水，只要去挤，总会有的。其实存钱也是这样的，只要在生活中学会精打细算，就总会有剩余的钱。中国台湾富豪王永庆曾经说过："你挣到的钱并不属于你，只有存下来的钱才是真正属于你的。"所以，要想实现财务自由的梦想，学会存钱吧。

7 世界上没有低风险、高报酬的事

人的性格中有一种缺陷，就是喜欢占小便宜，有些人甚至因此失去了良好的人缘。其实人们早就在日常生活中发现占便宜是件挺不靠谱的事情。俗话说，无事献殷勤，非奸即盗。你也可以把那些低风险、高收益或者无风险、高收益的项目看做无事献殷勤，接下来你就应该明白该怎么做了。

第二章 财富魔方
投资之前，先搞懂这些关键数字

著名的世界投资大师巴菲特曾经说过：投资是有捷径的。所谓的捷径就是指能够通过复杂的现象看出事物的本质，找出最适合自己的理财方式，规避风险，提高回报率，这样你就会在理财这条道路上越走越顺，早日实现财务自由的梦想。

8 "通货膨胀率"：吃掉财富的大嘴怪

改革开放30年来，货币的购买力一直在下降，十多年前用很少的钱买到的东西，现在要付出更多的钱才能买到。越来越多的人感觉到自己手中的财富在逐渐地缩水，原来，在市场中有一个让货币贬值的大嘴怪——通货膨胀。要想让财富增值，首先就要学会抑制通货膨胀。

9 复利“72 法则”：钱生的钱，会赚钱

在理财领域，有一个叫做复利的词创造了太多的奇迹，有人把它称为世上最好的挣钱方式，因为它能够让钱生钱。学会和掌握复利的使用方法，将其应用在投资领域中，那么你也能够很快地通过复利效应的魔力，为你带来一笔超出你想象的资金，通过复利，能够更快地学会让钱生钱，实现你财务自由的梦想。

10 “投资 100 法则”：判断风险承受力

理财要根据自身的承受能力来选择合理的方案，这样的话才能使自己在投资的过程中放得开，而不是患得患失，担心不已。理财最好的方式就是跟着年龄走，不同的年龄有不同的需求或者对风险的承受能力不同，在投资的过程中学会分散投资，选择最佳的投资组合，实现最大化的收益。

11 “投资报酬率”：做最划算的投资

当通过存钱等方式获得资本后，我们满怀憧憬地开始进行投资，望着市场上琳琅满目的投资产品，各种名目繁多的投资报酬率看上去真的令人感到很欣喜，可是你真的看得懂吗？从令人眼花缭乱的产品中选出适合自己的投资，并不是一件容易的事情。要学会合理地选择报酬率。

第三章
赚钱有道
投资工具不必多，做对就灵

君子爱财，取之有道。投资者爱财，则选择较好的投资工具。投资工具是多种多样的，所以通往财富殿堂的投资列车的道路也是多种多样的，但聪明的投资者总是善于从繁多的投资工具中选择最恰当也是最快能够到达财富殿堂的那趟投资列车。

⑫ 储蓄：不只是简单地存钱

在我国，老百姓最信任的还是银行，也将把钱存在银行里视作一种美德。可以说，储蓄是老百姓进行理财的最普遍的方式，但是储蓄并不是只有存钱那么简单，要想学会正确地存钱就要对银行和储蓄方式有着基本的了解，知道如何存钱才能挣到利息，知道如何利用网络进行存钱，还有储蓄和存钱的区别。

⑬ 外汇：外国人的钱怎么赚

随着经济的发展，很多人开始投资外汇。但也有一些投资者觉得外汇神秘莫测，徘徊在外汇市场门口犹豫不决。其实这是件很简单的事情，只要你肯花些时间对外汇进行了解和掌握，那么在不久后的将来，你就是一位成功的外汇投资者。

⑭ 基金：给你的投资行动定个闹铃

基金是一种适合长期持有的理财方式，通过利复利的效应带给你意想不到的资产。基金进入我国市场已有十多年的时间，很多投资者都发现了这匹理财领域的黑马。基金可以采用定投的方式来进行投资，就像是固定的时间内不断地敲响闹铃，提醒你，你的资产又增值了。

⑮ 股票：股市只爱懂它的人

在股票市场上有许多许多的奇迹在发生，不少人"一夜暴富"或者在短期内实现较高的收益。但在光鲜的外表背后，一夜间从富翁变穷人的事件也是屡见不鲜，所以，投资者对股票是又爱又恨，但成熟的股票投资者总能从风云变幻的股票市场中获得想要的收益。这些成功的投资者都是真正懂股票的人，而股市只爱懂它的人。

⑯ 债券:风险最小的投资选择

债券以其特有的风险低、投资方式简单、收益稳定、不需要专业的理财知识等特点快速地得到了人们的认可。尤其是国债,在国债发行的那天,甚至会出现万人空巷的场景。债券是理财领域中风险最小的投资工具,适合初步进入理财领域和没有专业理财知识的人,债券的利息又高于银行,因此才会如此受欢迎。

⑰ 创业:比的就是谁最有"心"

随着大学的普及和扩招,越来越多的人涌入到职场中,使职员在职场中面临的压力越来越大,有些人也因此而走上了创业的道路。从理论上来讲,创业并不是一件很难的事情,只要你有一定的资金,又善于发现商机,找到比较好的点子,那么恭喜你,下一个财富传奇就是你。

第四章

无忧生活

风雨人生路，无论钱多钱少，保险不能少

天有不测风云，人有旦夕祸福。也许这个世上有完美的人生，但一定没有能够一帆风顺的人生，在风雨人生路上，我们要想在未来走得更加从容、淡定，那么就要学会未雨绸缪，早作打算。保险就是未来遇到风险时的最好助手。

⑱ 为什么一定要买保险?

人生是一段无法回头，只能不停向前走的旅程。也许前面的道路是花香鸟语、阳光普照。也许是大雨滂沱、乌云遮日。在这段路程中，难免会遇到各种各样的风险，在面对困难的时候，我们希望有亲朋好友来帮助我们，保险就是这样的“亲朋好友”，保险能够为我们未来的生活提供一份保障，在我们遇到风险的时候，能够帮助我们快速地站立起来。

⑲ 了解保险的分类和内容

保险是我们的好朋友，它在你遇到风险的时候与你不离不弃，所以出于对朋友忠诚的原则，我们也要对保险这个朋友做深入的了解。了解保险的分类和内容以及它们之间的区别，从而找到更好地与保险相处的方式，实现朋友间最高的境界——双赢。

20 明明白白买保险,我的保险我做主

保险市场上,各种各样的保险公司以及种类繁多的理财产品让我们眼花缭乱,不知道该如何进行选择,因此我们应该练就一双慧眼,能够从具体的事件中看到事情的本质,找到适合自己的保险种类。另外,保险公司还推出了分期或者定期缴纳保险费的方式,在买保险的时候,要学会利用这种方式来购买保险,这样节省下的资金就可以用于投资。

21 绕开陷阱,走出投保误区

和其他投资工具一样,保险也存在误区,一旦踏入,就有可能会使保险失去保障的功能,使你在未来遭受重大的损失,所以在选择投资保险的时候,一定要学会小心谨慎,在签合同的时候,要一条条地阅读,这样才能避免出现保险漏洞。买保险的时候一定要注重细节,很多理赔款失败都是败在细节上。有时候,细节真的可以决定成败。

第一章

小财大用

从第一笔薪水开始，唤醒你的理财意识

当你开始步入社会，当你领到人生中第一笔薪水的时候，你必须及时唤醒自己的理财意识，从现在开始，不断地进行理财，不断地投资，因为只有这样才能小财大用，积少成多，早日实现财务自由的梦想，为未来的幸福生活打下坚实的基础。

1

理财与不理财，人生绝对不一样

学会理财和不会理财的人生绝对不一样，学会理财，我们就会在人生的各个阶段有着清楚的目标和奋斗方向，能够合理分配资产，学会理想消费，同时也为未来实现财务自由的梦想打下了坚实的基础。知识改变命运不是一句空话，尤其是掌握理财知识能改变命运。

有退休金，就什么都不愁了吗?

“哎呀，想那么多干嘛?单位不是有养老退休金吗?再说，人老了以后生活就会变得简单，消费也会变得很低，也没有什么社交生活，所以我觉得完全不用担心养老金的问题，这根本就是杞人忧天嘛。”

恐怕这是很多年轻人心中的想法。老年，对于年轻人来说是一个太过遥远的时代，指望现在的那些消费观念“前卫”的年轻人自动自觉地为了几十年后的养老问题而攒钱的确是一件不太现实的事情，更何况，不是还有养老金吗?

可是，现实未必像想象中那样美好，让我们来算一笔账。

一个普通人如果按照从60岁退休，活到80岁的标准计算，退休后的生活还有20年。如果要维持中国白领那样的生活标准去“安度晚年”的话，大概需要300万元。

有位专业理财师经过计算还得出：如果不做任何投资的话，15 年就会把这 300 万元用光。理财师指出，目前中国物价平稳，通货膨胀率为 1%，但是根据 2006 年至 2015 年经济发展报告预测，2015 年，中国的通货膨胀率将达到 3%的水平。按此推算，那时的 300 万元相当于目前约 170 万元的购买水平。如果说你的家庭每月需要支出 1 万元才能维持现有的生活水平，300 万元也只能支撑 17 年，这还不包括随时可能发生的需要应急的支出，比如重病、车祸等各种意外状况。仅仅考虑通货膨胀这一个因素，养老所需要的钱就是一笔大数目，而你的退休金账户能够提供养老所需要的金钱吗？

有人做过计算，在我国社保体系比较发达的地区，按照目前的养老金提出比例，在未来社会平均工资稳定上升的前提下，个人收入越高，到退休时，养老金达到退休前收入的比例越低。一般而言，社会保障体系只能提供最基本的生活保障，退休金收入只能达到退休前工资收入的 1/3 左右，对于高收入人士，这一比例还要降低。也就是说，当前收入越高的人士，到年老的养老金可能越不够用。

感觉到压力了吗？

好了，既然了解到了问题的严重性，那么我们就要想办法去解决问题。既然养老金不足以养老，那么我们就只能在自己工作的这些年中为自己以后那些不能工作的日子多积累些资本。归根结底，你只有两条路可以走，一是发财，二是理财。鉴于发财的难度系数过高，所以理财这一种方式稳定而又靠谱。

36 岁的徐芳现在是一家大型企业的部门主管，税后收入有 1 万多元，每月除去各种开销大约可以节余 5000 元，这样她到退休时就可以存下 100 多万元，但是，她现在已经开始担心自己的“养老”问题，因为她经常听到那些退休了的老上司抱怨说：“单靠退休金只能够吃饭，以往的储蓄都不敢乱动，生怕生活中出现什么意外，没有钱来应急。早知道退休后的日子如此紧张，还不如在年轻的时候就为自己的退休做好准备。”老上司的抱怨让徐芳

也开始对自己退休后的生活担心起来。

徐芳退休后每月有两千多元的退休金，但是她觉得还不够，就按照同事的建议买了养老保险。现在，她已经开始理财。她从自己的积蓄中拿出一部分买了另外一套房子，她说这套房子就是为了养老买的，因为老了以后可能就不敢动用储蓄，所以现在就必须提高投资回报率。她说，房屋是实物资产，可以规避通货膨胀的风险。房价虽然会有波动，但是从长远看，土地资源越来越稀缺，房产价值的总趋势还是上升的。另外，她通过咨询个人理财师，对现有的储蓄进行了合理的投资组合。

最终的养老金数据表明，徐芳的决策是英明的，她的投资组合回报率为 20%。以这样的速度发展，到年老的时候，她就不用为退休金不足而担心了。对于那些到现在还抱着依靠退休金安度晚年的念头的年轻人应该及早地向上述事例中的徐芳学习，在认识到问题的严重性之后，马上采取相应的理财措施，为自己的养老做好长远的打算，因为随着我国国民人均预期寿命的延长，未来几十年内，就业人口所占总人口的比例将不断减少，这将导致政府能够提供的养老财务支撑能力下降，而支取退休金的人口比例将上升。

如果你现在还没有为自己的退休养老作计划，手里还没有一笔丰厚的养老基金来维持富足的晚年生活，那么从现在开始就尽快为你的未来准备一下吧，千万别只顾现在享受而不懂得去理财，到年老的时候却落到悲惨的境地。

越晚学会理财，生活压力越大

随着经济的发展和生活节奏的加快，职场中出现了越来越多的穷忙族，他们常常觉得生活很累，因此而显得意志消沉，每天重复同样的生活，生活压力越来越大，他们觉得自己快要被生活压迫得喘不过气来。其实人生就是一个坎儿接一个坎儿，即使面对再大的困难，有多重的负担，也没必要消极悲观，很多时候，我们之所以感到人生生活压力太大，是因为一开始我们就没有对自己的人生进行正确的规划。

俗话说，人无远虑，必有近忧，倘若一个人没有足够的危机意识，那么在面对困难的时候，他就会觉得人生充满痛苦，相反，如果你具有危机意识，能够未雨绸缪，早作打算，能够预防紧急危难的事情发生，那么你的人生至少不会再那么痛苦，其实在生活中，最好的舒缓压力的方法就是学会理财、进行投资，对自己的人生做一个正确合理的规划，这样才能在未来的生活中步步为营、步步为赢。

其实所谓的理财就是财富管理，就是打理自己手中的金钱。财富的含义很广，人生也可以看做一种财富，从广义上来讲，理财其实就是对人生财富进行管理，所以在人生中，如果我们不会理财的话，就会感到生活越来越艰难，如果你很早就学会理财，你就能够从繁重的生活压力和财务压力中解脱出来，过上愉快、轻松、幸福的生活。

你学会理财的时间越晚，你面临的生活压力就会越大，这是由我国现阶段的国情所决定的。

首先，买房子的成本越来越高，但薪资增长却极其缓慢。房价不断上涨，上涨的幅度甚至几十倍于收入增长的幅度。现实中，人们不可能一次性就有购买房子的资金，所以越来越多的人成了房奴，将每月工资的大半用来支付月供，还要结婚生子、养孩子、养父母，由此你可以想象现在人生活的压力有多大。如果失业或者收入降低，将会给这个家庭带来很大的困难。

其次是孩子的教育费用。现在，供养孩子上学的成本也越来越高。随着经济的发展和计划生育的实施，人们越来越重视对孩子的教育，现在供养一个孩子读书已经越来越难，学费、择校费、赞助费、杂费等各种费用名目繁多。仅以大学为例，近年来大学的学费不断地上涨，让很多工薪家庭开始

感觉吃不消。考上大学不是件太困难的事情,但并不是所有的家庭都能支付得起大学昂贵的学费,尤其是对从乡下走出的孩子而言。

最后就是我们自己的养老问题。如果你想知道几十年后只靠养老金生活是什么样的境况,其实只要把你现在的薪水缩减2/3,再想想你的日子该怎么过就可以了。

这下,你知道为什么越晚理财,你的生活压力就会越大了吧?所以,在漫长的人生路上,我们一定要学会理财,加强风险防范意识,让自己手中的闲钱创造效益,这样才能舒缓未来生活带来的压力,使自己能够从容、轻松、幸福地生活。

理财,给你一个改变人生的机会

一个国王要离宫远行,临走前给甲乙丙3个仆人每人一锭银子,并嘱咐他们:"这些钱你们可以拿去做点儿生意,等我回来之后再来见我。"

两个月后,国王回来了,3个仆人一同前来拜见。

甲仆人说:"陛下,您给我的一锭银子,我一直小心翼翼地收藏着,生怕丢失,一直都没有拿出来过。"

乙仆人说:"陛下,您给我的一锭银子,我用它赚了5锭。"

丙仆人说:"陛下,您给我的一锭银子,我已经用它赚了10锭。"

国王听完3人的讲述之后,说:"甲既然不懂得如何利用财富,那就还继续做仆人吧!"把他手里那一锭银子赏给乙,再给乙5座城池。接着,国王又满意地看了看丙,说:"赏给他100锭银子和10座城池。"

这个故事是马太效应的缩影。3个仆人身份相同,最初拿到的钱一样,可是两个月之后,他们由于对金钱的处理方式不同,使得他们的人生也有了天壤之别。这一切,都只源于理财意识。

生活中，一些年轻人就同故事中的甲仆人一样，毕业后勤勤恳恳，努力奋斗，可财富却没有因为自己的一颗壮志雄心而迅速增值。每次发了工资、奖金，统统存入银行，即便如此，几年下来，还是感觉没攒下什么钱，可生活上呢？压力开始从四面八方袭来：房子、车子、结婚……各种问题摆在眼前，着实让人着急又无奈。面对现实，他们能够想到的依然是努力多赚钱，尽力多省钱。

可惜，一个人一生能够积累多少财富，不单单取决于他有多么努力工作、多么克扣自己，同样也取决于他是否懂得投资理财、用钱赚钱。想要改变生活，想要致富，开源和节流是同样重要的。你可以把钱存在银行里，这样你就可以获得利息。可是，由于物价上涨等因素，这些存款的利率几乎就被抵消了，甚至是负增长。想想看，这世界上有谁是靠省吃俭用一辈子，将一生的积蓄都存进银行，靠吃利息而成为知名富翁的呢？

想想看，年轻的时候，你可以奋斗，可以工作赚钱，可30年之后呢？仅有退休金，能给你高枕无忧的生活吗？不说30年之后如何，仅看眼前，单凭上班赚工资，每月存点儿钱，能否让你轻松拥有自己的房子，过上想要的生活？不要羡慕别人的财富，更不要抱怨自己的出身，很多没有家庭背景、学历一般、月薪千元的年轻人通过理财，一样改变了自己的生活。

郑洁和赵岩大学毕业后，在同一家公司做职员。两个人都是本科毕业，工资收入也差不多，可两个人的理财观念却大不一样。

郑洁属于理财思路灵活的那类人，前些年股市红火，他利用自己懂电脑的优势购买了股票分析软件，每天研究股市行情，并把自己积攒的3万元钱投入了股市，一年多下来他就赚了一倍。后来，他见股指涨幅太大，而且各种技术数据也显示出风险的降临，便果断平仓。这时，单位附近开发了一条商业街，当时买房的人不多，价格也低，郑洁就利用手里的6万元钱买了一套沿街商业房。经过3年时间，他的房子已经升值到30万元。后来，他见当地房产价格已经见顶，又立即将房产出手，用30万元购买了某开放式

基金。仅用了一年多的时间，他又实现了20%的赢利，30万元成了36万元。

赵岩属于理财思路保守的那类人。刚毕业的那两年，他手里也有大概3万元钱，为了稳妥起见，他一直把积蓄存入银行，每年坐收利息。可惜，他没想到通货膨胀竟然如此凶猛。当银行定期1年期储蓄的年利率为2.25%时，年均CPI(全国居民消费价格总水平指数)已经变成了4%，1年期存款的实际利率为2.25%~4%=-1.75%，也就是说赵岩的积蓄在不断缩水。现在，赵岩还是一个普通职员，他整天念叨房子贵、油价贵，却没想到转变一下自己的理财观念。

负利率让不善理财的人尽尝了通胀的苦果，让他们辛辛苦苦积攒的财产不但没有增值反而贬了值。而那些善于理财的人则可以尽享复利率带来的实惠，让自己的财富像滚雪球一样越滚越大。

对于年轻人来说，理财的用心程度直接影响理财的结果。如果加上“马太效应”，可以估算出理财的结果将会对最终的生活造成很大的影响。中国有句俗语说：“有钱不置半年闲。”这是一句非常富有哲理意味的理财经，它告诉我们，要学会合理地使用资金，千方百计地加快资金的周转速度，用钱来赚钱。如果能多花点儿心思在理财上，不仅可以让年轻时的自己活得轻松，还能够为30年后的自己创造一份舒适而惬意的晚年生活。

吉姆·罗杰斯(Jim Rogers)这个名字对于很多人而言并不陌生。他是个投资家，在10年间赚到足够一生花用的财富；他是一个趋势家，连股神巴菲特都对他掌控市场变化的能力称赞有加；他也是个梦想家，两度环游世界，一次是骑环游，一次是开车环游。

吉姆·罗杰斯21岁时开始接触投资。之后，他进入华尔街工作，与索罗斯共创全球闻名的量子基金。1970年代，该基金成长超过4000%，同期的标准普尔500股价指数才成长不到50%。就这样，吉姆·罗杰斯的投资理财能力得到了全世界的认可。

不要怀疑理财的益处，也不要再说“我对理财一窍不通”。看看吉姆·罗杰斯，这个从口袋里只有600美元的投资门外汉到37岁决定退休时家财万贯的世界级投资大师已经用自己的故事向我们证明了理财可以学习，学会了、用对了，就能改变命运。

由此，当你20几岁的时候，甚至刚刚参加工作拿到第一个月工资的时候，就要树立起理财的意识，多花一点时间和精力来理财，给自己“理”出一份美好的生活，给30年后的自己“理”出更多的财富。

2

理财≠有钱人的事

很多人认为理财只是有钱人做的事情，但是在理财这一领域，有钱与否不重要，重要的是学会理财，在生活中养成理财的好习惯。习惯成自然，等你积累一定资本后进行理财，那么你离富人的行列就会越来越近。理财应该从你第一笔薪水开始，早日理财，就能早日获得成功。

有财没财不重要，重要的是会理财

16岁的英国女孩考利·罗杰斯在2003年的时候非常幸运地中了190万英镑（约307万美元）的彩票大奖。这是一笔巨额的财产，但是她仅用了6年不到的时间就将这一巨款挥霍一空，面临破产的境地，这当然与她的无计划的消费有着极大的关系。

得到那笔大奖后，她先是花掉55万英镑购买并装修了4套房子；接着，又将20万英镑花费在度假上；用26.5万英镑购买豪华汽车和借给家人；用45万英镑购买名牌衣服、开宴会及做隆胸手术；用7万英镑支付各种法律费用；单是给她的几任男朋友买礼物的花费就将近19万英镑……不到6年的时间，这位才刚二十出头的小姑娘就已经“千金散尽”了。

如今，罗杰斯不得不再卖掉房子，依靠每天做3份工来维持生计，生活又回到了最初的模样。

由此可见，有财的人如果不理财，就算有一座金山也会被“散”光。如果当初罗杰斯在得到这笔巨款后能够做好合理的规划，恐怕她也不会落到这般“凄惨”的境地了。

也许你会说，就是因为这个女孩特别有钱，所以她才需要去理财啊。理财是有财人做的事，我又没有财，有什么可“理”的呢？

事实上，理财并不是有“财”人的专利，它是一种对“财”妥善管理的意识和方法，跟财富多少没关系。千万别认为用小钱办不了什么事，如果你从你的孩子出生的那天起一天为他存 1 元钱的话，那么 60 年后，这笔钱将变成 200 万元（假定年收益为 10%）。可见，注重积累、善于理财，小钱也能成就大财富。

我们每天都要与钱打交道，只要与钱打交道，就有责任对它做好最基本的管理。在生活中，理财应该“从第一笔收入”开始，哪怕从第一笔的收入或薪水中扣除开支之外所剩无几，也不要低估那些小钱的聚敛能力，1000 万元有 1000 万元的投资方法，1000 元也有 1000 元的理财方式。

你可以给自己定下一条铁律：先从每月薪水中拨出固定的一部分用来投资（具体金额根据实际情况而定），要长期坚持，坚持“不动用”、“只进不出”的原则。假设你每月挤出 500 元存入银行，20 年后，仅本金一项就达到 12 万元了，如果再加上利息，数目还会更大。当然，你若是将每月的 500 元钱以定期定额的方式投资基金，那么 20 年后所产生的本息收益就可以满足你安度晚年的资金需求。

其实，世上绝大多数的富人，他们的财富都是由小钱经过长期的投资逐步累积起来的，所以，不要忽视小钱的力量，在时间的作用下，小钱将会长成“大钱”，而且“成长”的结果十分惊人。从今天开始，不要再说“我没有资金”之类的话了，致富没有借口，小钱也可成大事。

我们强调理财“从第一笔收入”开始，目的就是为了培养自己的理财意识。在收入相对固定的情况下，如果不懂得理财或者不主动地理财，那么几

年之后你就很难再保证收支平衡了。

不管手里有财没财，都要有理财的意识。缺乏理财意识，就算现在还没有到节衣缩食的地步，你手中的“余粮”也不会为你带来任何的收益。看到身边的同龄人买房、买黄金、买股票、买基金、买保险，总说没“财”可理的年轻人，难道不应该去好好地反省一下：为什么人家买得起，自己却买不起？真的是因为你的收入比别人少吗？不是！买不起是因为你对理财不够重视，你的收入在你的手中留不住！

不要一味地幻想自己以后的收入会有多高、能赚多少，而对眼下相对微薄的收入视而不见，胡乱消费。似乎非要等到以后赚到更多的钱才要去关心它的去向一样，这些人常说的话就是：“等我有了钱……”还是别那么幼稚了，钱不是“等“来的，是一点一滴地“理”出来的。

也许，你现在的“月光”生活过得是十分潇洒的，但是你有没有想过，这样潇洒的日子能够持续几年？你现在还十分年轻，正处于人生财富的增长期，还没有什么社会负担，但是当你步入中年、老年以后，你不一定还有这样的收入，不可能像现在这样没有任何负担。现在不去理财，等到真正没有收入、没有积蓄的时候，那可能就真的是“无财可理”了。

从第一次领薪水开始，你就该清楚：在人生的不同阶段都有不同的追求与需求，而这众多的追求与需要不可能一下子全部都实现，自己必须有一个系统的规划与部署，根据轻重缓急分段逐个击破。毫无疑问，理财就是这种规划和部署，你可以通过这一手段将自己的追求与需要变成现实。

记住，你不理财，财不理你！不管有财没财，都要去理财！

把理财当成一种生活习惯

随着理财观念的普及，很多人越来越重视理财，但还是很少有人能够把理财当做一种生活习惯。事实上在国外，由于理财观念普及得较早，很多人和家庭都把理财当做生活中必不可少的部分，因此，在国外有很多把理财当做职业来做的人，如世界著名的投资大师巴菲特，在他长达40年的投资生涯中，获得了“股神”的称号。理财成了巴菲特生活中不可缺少的一部分，理财成就了巴菲特的财富神话，巴菲特一度超过比尔·盖茨成为世界首富。

通过分析巴菲特致富是许多因素综合起来的一个典范，巴菲特之所以能够在股市中挣更多的钱，与他的理财习惯是有很大关系的。在多年的投资生涯中，巴菲特已经养成了能够让自己挣钱的一些习惯。如巴菲特曾经这样总结自己的投资习惯，他说：“我习惯于在别人恐惧时贪婪，在别人贪婪时恐惧；我习惯于不被分析师的预测所左右，总是独立思考；我习惯于价值投资，习惯于长期持有优质企业的股票；我习惯于投资自己所熟悉的行业，终生都在观察企业。”

巴菲特说过，投资理财没有什么复杂的技巧，最重要的是认定一个目标、采取一种办法，然后长期坚持不懈。很多富人之所以成为富人，是因为他们坚持了很多人没有坚持的理财习惯而已，很多人的理财之路都是从不断地坚持开始的。

而另外一些人之所以没有获得理想的收益，最主要的原因就是没有养成一种长期理财的方式。理财致富对每个人来说都是公平的，只是有些人在理财最初的那段时间内由于没有得到理想的收入而放弃了坚持，他们当中很多人抱着一夜暴富的投资心态，期望在最短的时间内获得较高的收益，

但往往过了一段时间，事实就会扑灭他们的热情，最终他们坚持不住而选择了放弃，从而与致富擦肩而过，所以，理财不应该是一时的冲动，而是深思熟虑的结果。

因此你可以看到，把理财当成生活习惯对于成就一个人的财富也是非常重要的。习惯成自然，只要你有一颗理财的心，就算现在你仍然对理财这件事一窍不通，你还是可以慢慢地成为一名理财高手。

最近几年，由于金融危机和通货膨胀，能够产生暴利的投资理财领域几乎不存在了，就连一直不断上涨的房产、收藏领域都开始出现了萎缩，要恢复以前那样的热火朝天的局面已经是不可能的事了，所以，现在只有依靠长期投资，一点一滴地慢慢积累财富，通过时间来实现资产的不断翻番。

理财是贯穿人的一生的事情，所以把理财养成一种好的习惯是非常重要的。只有十年如一日地坚持才能获得较大的收益，而要想十年如一日地坚持理财只有靠把理财变成一种生活习惯才行，就像俗话说："语言取决于学问和知识，而人的行动则多半取决于习惯。"习惯决定人的行动，行动决定人的未来，所以只要你坚持良好的理财习惯，就会收获丰硕的理财成果。

其实，要培养理财习惯有很多各种各样的方法，如基金中的定期定额投资计划或者是银行中长期坚持零存整取储蓄以及购买期限较长的期交分红型保险等方法，这些方法都具有强制性的特征，有利于理财习惯的养成，最后成为一种自然的理财习惯，使理财真正地融入到生活当中，并成为生活中不可缺少的一部分。

把理财当成一种生活习惯，也许刚开始的时候会很艰难，但在习惯养成之后就会变得轻松起来，财富也会在这种轻松的环境中不断地增值和膨胀，所以，为了获得良好的收益，实现财务自由，把理财当成一种生活习惯是一项非常重要的事情，也是年轻的我们最需要改变自己的地方。

3
享有财务自由，先做财务规划

每个人心中都有一种梦想，渴望冲破层层的束缚，就像翱翔在无边的旷野上，是多么的自由自在。的确，古往今来，多少人为了自由甘愿付出一生，在现代社会中，随着生活压力的增加，人们对自由的向往更加热烈。但想要实现自由，首先需要的就是实现财务自由，只有实现了财务自由才能不受金钱的束缚，自由地纵横驰骋。

月收入2000元的理财方案

“听说银行最近有一个免费普及理财的演讲，要不这个周末咱们去听听吧！”在公司午饭期间，小张对和自己一起进入公司的小王说。

“理财？那不是有钱人才做的事情嘛，再说咱们的收入就只有2000元，除掉吃喝和生活费，所剩无几，咱们拿什么进行理财？”小王一副不以为然的样子。

“也是啊，每月确实剩不下几个钱，理财只能以后再说了。”小张想了想，摇摇头说。

月薪2000元左右的工薪一族，大多是刚从学校毕业或者工作时间较短的年轻人，他们正处在人生的成长期，这个时间段最重要的就是平衡收入与个人支出，开源节流，尽量能够攒下一些钱来。很多年轻人如故事中的

小张和小王的想法一样，认为自己手上没有多少资金，即使理财也得不到很高的收益，所以放弃了。其实这是一种错误的理财观念。财富的积累不在于金钱的多少而在于坚持。那么月收入2000元左右，究竟该如何进行理财呢？

当然，首先是要留出这个月必需的生活费用，如房租、水电费、通信费、日常生活开支等硬性开支，这部分约占收入的1/3左右。这些开支能够满足你最基本的物质需求，是生活中不可缺少的部分，所以工资发了以后首先就把这部分资金留下，不能动用，这是维持生存的最基本、最基础的条件。

其次，是从工资中拿出一部分进行储蓄，占收入的10%~20%。但在现实生活中，很多年轻人没有很好的约束力，很多人在月初存钱，到了月底的时候就将其取出来花掉了。储蓄至少要存蓄3个月才会有利息，最少要保证3个月的时间。而且现在工作竞争压力大，一旦失业，而手头上又没有积蓄，那么你将会非常被动，所以在任何时候，都要学会给自己留条退路。

余下的钱，你可以用来支付电话费、请朋友吃饭，或者去买些自己喜欢的书来看，或者买自己非常喜欢的衣服，还可以在节假日的时候选择去旅游，这样的话就能够满足你不同的消费需求，使你更加有奋斗目标，当然最好能够剩下一部分钱，这一部分钱就是你理财的启动资金。

工作一年后，除去基本的生活开销外，能够节省下的估计也就1万元左右的积蓄，这就是很多月薪在2000元左右年轻人的实际情况。人人都想让钱在自己手中实现最大收益，但这实际上是一件非常困难的事情，因为年轻人的收入毕竟是有限的，投资理财的能力也并不强。

对这些步入社会不久的年轻人来说，最重要的不是节流，而是开源，首先要通过自己的努力，让自己的收入越来越多，如此，你在理财时所能动用的资金才能越来越多，理财的收益也才能越来越大，所以，我们在平时一定要积极地工作，积累经验，不断充实自己，为自己赢得更多的理财空间。

当你终于有了一些积蓄后，你最好把它们分为5份，分散投资，这样的话不仅可以有效地降低风险，而且还可以获得较高的收益。如其中一份可以用来购买国债，用这种稳定的理财方式来保底；一份用来买保险，保险是分散和规避未来风险的一种重要的投资工具，能够在未来遭遇风险的时候获得一份理赔款，从而减轻自身的生活压力；一份可以用来买高风险的股票，股票是高风险和高收益相结合的一种投资工具，只要选择得当，就会带来理想的投资回报，参与这类风险性较高的投资，需要相应的专业知识和较强的风险意识；另外两份可以用来做定期存款和活期存款，把钱存在银行里虽然收益很低，但毕竟任何人都不能保证自己没有急需用钱的时候，有了这两份钱，我们就可以避免因急需用钱而使另外3份用来投资的钱遭受不必要的损失。

当然，在实际生活中，每个人都应该根据自己的实际情况来作决定，不过收入在两千左右的年轻人的抗风险的能力较低，所以这段时间理财应该选择保本为主，慎重投资。银行存款、货币市场基金、国债等都是比较好的投资方式，这样的话既保证了相应的生活需求，又能获得一定的收益，实现资产的增值。

月收入3000元的理财方案

经过一段时间的努力后，很多年轻人的工资开始上涨到3000元左右，这应该算是年轻人中的中等收入了，但还是有很多人工作了很多年，手头一点儿积蓄也没有，一旦有个小病小灾，往往要靠朋友的接济，非常狼狈。月薪在3000元左右的年轻人该如何进行理财呢?有什么好的理财方案呢?

首先，你当然要留下足够支持自己日常花销的资金，最好在事先确定好这样的硬性开支，并且定期对开支做一个严格的检查，建议设立一个账册专门记录每天在某样东西上花的钱，这样就可以把那些不必要的开支取消掉，把节省下来的钱存在银行里或者进行投资。

其次，虽然收入水平提高了，但生活却不应该随之而变得奢侈。在生活中，我们绝不应该大手大脚地花钱，而是应该能省则省，只有省下了钱，你才有进行投资理财的资本。比如，你可以尽量减少在外面吃饭的次数，自己在家做饭吃，不仅可以节省不少钱，而且还更加健康，减少生病的可能。与此同时，还要注意小钱的积累，把硬币等小钱放在固定的地方，不久后，你就可以拿它们去银行换一张百元钞票。

当手中有了足够的闲钱之后，月收入3000元的年轻人应当去买一份储蓄型疾病意外保险。买一份含有分红的储蓄型重大疾病意外保险，每月只需很少的钱，但不幸发生意外时则会获得较大的理赔款，至少不会成为家人的负担，也能够保证自己不会被疾病或者意外打倒。如果在保期内没有发生任何意外，那么保期过后，还可以收到一笔额外的钱，实在是一举两得的事情。

除此之外，在理财的时候我们还要格外注意下面的几个问题。

（1）在投资的时候要根据自身的风险承受能力选择较好的理财方案，控制好风险，但手中资金不富裕的投资者则应该选择较为稳定的投资方式，如可投资货币市场基金，货币市场基金具有流动性好、风险低、收益稳定等特点，而且还可以采用定期定投的方式，这样就大大减轻了我们的经济压力。

（2）每月最好还要留出一定的钱进行积蓄，把钱存在银行里，可以选择那种定活两便的存款方式或者和银行约定好当卡中的资产超过某个数目的时候，自动由活期转为定期存款，这样的话就会为投资者节省大量的时间，最大化地实现存款收益率，实现轻松理财。

（3）理财要学会与时俱进，可以尝试一些新的投资品种，如近些年比较火热的“纸黄金”。在2011年，不少投资纸黄金的投资者都获得了较高的收益。而且纸黄金的门槛很低，只需要投资者投入1000元便能开户交易，纸黄金和其他新兴的理财方式一样都是很好的理财选择，但这些理财方式一般都需要对其有一定的了解，具备一定的投资知识，并在投资的过程中不断地向别人学习。

(4)要学会为自己买份保险。工薪族压力大、负担重，除了公司给办的五险一金，没有任何保障，风险防范能力低，因此在进行投资的时候，必须要考虑保险，尤其是纯保障或者偏保障型的理财产品。办理这类保险主要是因为保险能够转移风险，从而达到摆脱困境的目的。人生路上最难预料的就是各种风险，俗语曾言："辛辛苦苦三十年，一病回到解放前。"由此可以看出疾病等风险给家庭带来的巨大的压力。

(5)理财的时候要细心、谨慎。工薪族由于家庭的承受风险能力较小，其理财方式主要以保本、增值为主，可将资产进行分类，尽量选择稳定的投资方式，如储蓄、货币市场基金、国债等，这些都是很好的选择。

月入三千算是一个中等的收入。作为工薪族，最主要的理财还是投资在个人身上，刻苦工作，力争上游，争取早日实现加薪，才是最重要的理财之路。当然，在不断努力的过程中，你同样要注意对手中的资产做出合理的规划，这样才能使资产获得最大化的收益，实现财富的增值。

月收入5000元的理财方案

房彤彤在某家文化传媒公司工作了5年，从当初的懵懂的小女孩已经历练为成熟的职场精英，目前每月工资加奖金能拿5000元。现如今她还是单身，对逛街购物、做美容等很感兴趣，但听过银行的几场理财演讲后，房彤彤也开始对理财有了兴趣，每月除了日常开销和适度购物外，她把钱都放在银行里存了起来。近来，深感租房不便的困扰，她决定买房。她特别关心有什么方式能够使自己的资产不断地增值、翻番，从而实现买房的梦想。

经过一段时间的努力，很多人和房彤彤一样，在不断进步的同时，薪水也是水涨船高。月薪5000元左右在年轻人中应该算是比较高的收入了，这

些人经过自己的努力成为高级白领或者职场精英。很多人虽然收入增加了，但由于各种原因，开支也会增加，一年到头攒不下多少钱。月薪5000元左右的人一般正处在事业的上升期，承受风险的能力良好，对未来有着明确的规划和憧憬。为了维持较好的生活水平，你必须妥善规划理财方案，实现财产保值、增值的目标，不断地向自己的梦想前进。

在现实中，很多处于这个阶层的单身白领和新婚夫妇都没有科学的理财规划，一般就是将钱放在银行里。其实，在物价不断上涨的今天，如果只是把钱存在银行里，只会让自己的资产贬值缩水，要想跑赢不断增长的通货膨胀率就必须学会理财。掌握用钱挣钱的规律就相当于多了一个人在为你打工，而且不需要你支付工资。所以，理财是一种势在必行的措施。那么月薪在5000元左右的人该如何进行理财呢?

首先，我们可以选择办3张银行卡，用这3张卡来分别管理不同用途的资金。

第一张卡用来按月上缴水、电、气、暖等生活消费费用，还有电话费用以及生活中购买日常用品的花费，这样的话就会变得很简单。当然，如果还在租房的话，最好再加上房租费用，这样这张卡就能维持日常生活中的需要。以案例中的房彤彤为例，她每月可以在这张卡上存两千元左右，房租800元、电话费和上网费300元、水电费100元、平时买菜做饭大约需要700元左右，这样存两千元的话就能够保证正常的生活所需。

第二张卡则是用来满足自己的消费欲望，也可以称之为"购物卡"，一般而言，这张卡存的钱不需要太多，每月存1000元左右，用于添置衣物等，如果想买比较昂贵的东西，则需要等卡中的资金慢慢增长到足够支付。在购物的过程中，一定要注意理性消费，如果不能控制购买欲，那么则会在商家打折或者降价的诱惑下很快把自己手中的钱花个精光，所以，就算是已经处在了相对富裕的阶层，我们还是要抑制自己的消费欲望，为实现自己的理财梦想打好基础。

第三张卡则是用来理财的。这张卡上的资金可选择不同的理财方式进行，但回报率最少也要高于通货膨胀率。另外在理财时最好咨询理财规划师的建议，学会合理地设置自身的理财方案，规避风险，实现收益最大化。

其次就是理财投资要懂得循序渐进。在刚开始没有太多的理财经验的时候，可以尝试定期定投基金，每月只需投入少量的钱，目前很多银行都开通了买卖基金的业务，去银行办理是很方便的一件事情。

有些银行还推出了适合懒人的理财产品，即一卡多户，是指当卡里面的资金达到与银行约定的数目时，银行就会帮你把这部分资产转到基金定投中，这样就节省了投资者的时间和精力，为实现资产增值提供了良好的条件和机会。

再次，则是把钱存在银行里采用多单整存的方式，可以采用月月理财法，即每一个月都去存款，而且期限为一年，这样在第二年的每一个月你都会收到利息，当然要是有兴趣，可以尝试把期限放长一些，如 3 年，那么则需要 36 张存单，才能实现月月理财的方案。

这样的话，即使在生活中遇到了急事，急需用钱也不需要承担太大的利息损失，只需要把存款日期最近的那张存款取出来就好。

最后，理财最重要的是投资自己，即学会为自己花钱、给自己充电，以促进事业发展。对很多人来说，最重要的不是自己现在的收入有多少，而是未来的收入有多少。所以投资在自己身上，不断学习则是一种非常好的理财方式。毕竟俗话说：钱不是省出来的，而是挣出来的。因此，要不断地提高自己的挣钱能力，这才是根本。

月入 5000 元只是迈入职场精英的第一步，还需要不断地学习、不断充电，实现自身最大的价值。在平时中也要多注意理财知识的应用，这样才能使自己职场、财场两得意。

“月光族”的理财方案

小王和小白是同一所大学毕业的，毕业后二人在城市各找到了一份工作。小王的工作是从事产品策划，月薪4000元左右；小白则是一家广告公司的职员，目前底薪只有2000多元。从二人的收入来看，很多同学都觉得小王会过得比小白好。

然而事实并不是这样。小王虽然工资高，但其开销也很高，而且小王还喜欢和朋友聚餐。除去房租、吃饭等费用，到了月底的时候，一个月的工资往往被他花得所剩无几。直到有一次小白说起买车计划的时候，小王才发现当了这么久“月光族”的自己身上竟然一点存款都没有。结果，小白的收入比小王少了近一半，却比小王早日实现了买车的梦想。

每个人都曾经迫切地想要成为“富翁”，然而在现实中，很多像小王这样的年轻人不但没有成为富翁，反而加入到了“月光族”的行列中，甚至有些人还借债消费，成了“负翁”。那些“月光族”们虽然表面看起来活得潇洒，但因为他们手头上没有多余的资金，一旦失去了经济来源，他们立刻就会陷入无法生存的尴尬境地。经历过很多窘迫的事情后，一些“月光族”开始觉醒，他们开始询问什么样的理财方案适合他们。

随着提前消费观念的不断普及，现在的年轻人几乎每个人手里都有几张信用卡。刷卡消费没有支付现金时的那种心痛的感觉，所以信用卡增加了很多人的消费欲望，于是很多年轻人在账单到来的时候很是头疼，因为没有足够的资金去全部付清，于是很多年轻人便由享受消费变成了名副其实的“卡奴”，成了标准的“月光族”。

其实，很多人之所以成为“月光族”只是没有控制好自身的消费欲望，在平时如果可以克制自己的消费欲望，少用或者不用信用卡，那么一定可以有些余钱剩下的。将这笔余钱拿去投资，经过时间的积累，这笔资金就会渐渐增值甚至翻番。

最适合“月光族”进行投资的理财方式是定期定投基金，基金由于长期获利稳定、风险低，购买和卖出手续简单，是一种很好的理财工具。采用定期定投的基金理财方案后，银行每个月都会从其账户里拨出固定的金额，这样的话就能够强制“月光族”进行理财。采用基金定投的方式可以满足自己未来的金钱需求，基金是小钱变大钱最好的投资方式，能够舒缓未来在经济上的压力，这样你就可以获得高质量的生活。

而且，基金定投不用像股票那样费心地选择申购时间和卖出时间，也不用频繁地进行交易，这样的话就会使投资的成本降低。基金还具有利复利的魔法，在时间的累积中，持之以恒的利滚利将会给你带来意想不到的收获。在选择基金定期定投的时候，最好选择能够维持中长期稳定回报的基金，稳健的基金能够适应“月光族”的要求。

当然，仅仅采用基金定投的方式还是不够的，为了做好个人理财，“月光族”应该做到下面的要求。

首先就是抑制消费、压缩开支，并注意节流。收入再多，如果没有理财规划，最后还是会成为“月光族”的，所以首先就是要控制消费，一些日常生活中的硬性消费则应提前预留出来，如房租、水电费、伙食费、交通费等。平时尽量少去餐馆吃饭，自己做着吃。尽量少坐出租车而改为坐公交、地铁。尽量减少那些不必要的开支，实现节流。

其次是做好个人保障等准备。对年轻的“月光族”们来说，其最大的财富就是身体健康和充沛的精力，如果没有健康的身体，就会给自己和家人带来负担，所以“月光族”要学会为自己买份合适的保险，将风险转嫁给保险公司，这样在遇到意外情况的时候，“月光族”也能够在保险公司的帮助下顺利地渡过难关。一般而言，“月光族”们最需要保障类的保险，如健康医疗等，其次是意外险。因为“月光族”手中很少有余钱，所以这样的保险可以

使他们不会因为意外情况的出现而直接破产。

再次就是建立强迫储蓄机制。“月光族”之所以月月光，是因为没有控制好自己的消费欲望。建立强迫储蓄机制的目的就是帮助“月光族”把自己的消费欲望降下来。如购买基金和商业保险每月都需要投入一部分资金，或者在领到工资后，首先将一部分钱存入银行，采用期限较长的存款方式，这样在取款消费的时候就不得不考虑利息的损失，消费欲望的欲望也就随之降低了。

最后，“月光族”最重要的还是开拓事业，毕竟钱不是省出来的，而是挣出来的，“月光族”要想实现自己的理财梦想，最好的方式就是提升自身的能力，努力找到自己的发展方向，全力以赴地去开拓自己的事业，增加自身的收入，实现财务自由。

4

理财要抢先，晚10年将要追一辈子

想要什么样的生活，想要实现什么样的梦想，一定要抓紧时间去行动，理财也是如此。当你开始有理财这个观念的时候，你就要开始投资。理财要赶早不赶晚，甚至晚一步，你就要追10年。理财是一场持久战，所以要有足够的耐力，要学会赶先，理财赶先，人生便会赶先。

要弄清楚理财是一场持久战

刘小姐是一名政府公务员，收入虽然不是很高，但很稳定。刘小姐参加工作5年来，过的是挣多少钱花多少钱的日子，她甚至很喜欢这种生活，对于理财，她曾经尝试过基金定投，但却没有坚持下去，对此，刘小姐说："理财的收益太慢了，当时我每月都投入一定的金额购买基金，但收益实在是太低了，一年的收益还不够我换个手机，所以我放弃了。"

刘小姐觉得理财的收益低，是因为她没有树立正确的理财观念。理财需要正确的心态和理性的选择，而且只有选择长期持有基金，在时间的作用下发挥利复利的魔法，实现财产的增值翻番。要想理财，首先就要有耐心，能够不断地坚持、再坚持。

李先生是家外资企业的部门主管，由于其从小家庭条件就比较好，所以一直以来就没有理财的观念，直到参加工作后遇到了多次理财危机后，李先

生才产生了学理财的念头，他首先是把钱存在银行里，但银行的利息很低，李先生不能够忍受。

后来在朋友的介绍下，李先生选择了基金定投的方式，但基金的利息也不能够满足李先生对理财的期望，但李先生并没有放弃基金定投的方式，他觉得每个月就相当于存几百元了。从那以后，李先生很少注意自己购买的基金，直到5年后，李先生打算购房结婚的时候，发现自己还差3万元，他突然想起自己的基金。一查之下，李先生狂喜，基金中的钱竟然足够补上那3万多元的购房款！就这样，李先生圆了自己的买房梦想。

很多上班族其实都有这样的遭遇，工资本来就不高，还要拿出一部分钱进行投资，然而因为金钱少，所以其收益也就越少，这样很多上班族便忍受不了，觉得纯属浪费时间，只有少数真正明白理财的上班族才会坚持，再坚持。只有长期坚持才能获得良好的理财效果。如一年可以获得1万的理财收益，20年下来就是20万，然后再根据利复利的原理，其实收益远远要比这大很多。所以，理财贵在坚持，时间的积累能够成就你的理财梦想。

提起理财，很多人脑海中首先显现的就是一夜暴富。其实这是一种错误的观念，世上并不存在真正的一夜暴富，就如一个人一夜成名，必然会有无数个昨天在准备。而理财就是这种准备，理财就是从点点滴滴开始，慢慢地像滚雪球般越来越大，最终实现人生的财务自由，实现人生各阶段的目标和理想。

人生中需要资金的时候很多，如结婚买房、供养孩子、赡养父母、孩子的大学费用和出国留学费用以及个人的养老等都需要大量的金钱，仅靠工资很显然无法满足我们对金钱的需要，所以你必须学会投资，而投资最重要的就是坚持。如你打算在退休之前攒一笔30万元的养老金，现在离退休还要30年，你该怎么办？

唯一的办法就是攒钱。攒钱并不难，因为就算是选择银行存款这种收益最低的理财方式，你也只需要每个月存800元而已。如果选择其他的投资方式则每个月所需要的钱就会变得更少，唯一需要你做的，就是你要把这个过程坚持30年。几百元对上班族来说并不是很多，但30万对上班族来说就是一笔很大的数目了。所以理财就是一场持久战，只有长期地坚持才会有更多的利益。

现在市场上的理财产品的种类越来越多，或者我们可以根据理财规划师的建议选择适合自身的理财产品，然后选择长期持有，让理财成为生活中的一部分，不断地坚持，再坚持，时间久了以后，你就会发现自己的资产翻了几番，甚至比你预想的收益还要多很多。

赵先生是家保险公司的业务员，月薪在3000元左右，另外还有业务提成。虽然自己就是卖保险的，但赵先生却首先给自己购买了一份健康医疗保险，每月只需要几百元，在发生意外的时候，却可以享受高额的保险赔款。

去掉基本开支，赵先生每月的结余在1500元左右，他坚持理财，由于个人风险承受能力不高，所以赵先生在理财规划师的建议下选择风险较低的基金，采用基金定投的方式，这样的话虽然短期内很难看见收益，但赵先生却对未来充满信心。现在赵先生已经通过理财方式购买了一辆新车，而且赵先生还打算在不久后买房结婚。

赵先生通过长期理财的方式实现了资产的增值翻番，理财帮助赵先生一步步实现了他的人生梦想。所以在理财的时候，一定要弄清楚最好的方式就是选择长期持有，因为只有这样才能降低投资成本和跑赢通货膨胀，实现资产的不断增值。

理财是需要时间的，财产的增值和翻番也是靠时间实现的，所以在决定进行投资的时候，首先要从心理层面做好长期持有的准备，理财时间越长，其收益就会越高，如世界著名投资大师巴菲特就是通过长期持有的方式一度超过比尔·盖茨成为世界首富的。巴菲特都等得起，你为什么等不起呢？

理财一定要趁早

在理财年收益不变的情况下,我们选择两种投资方式:

第一种是从20岁开始,每年存1万元存10年,也就是存到30岁,到60岁退休时再取出来,作为自己的养老钱。

第二种是从30岁开始,每年存1万,一直存到60岁,存30年将获得30万,到60岁退休时取出来作为自己的养老金。

上面的这两种方式哪种获得养老金额更多呢?相信很多人都偏向于第二种,因为毕竟投资大,投入30万元收益总要超过第一种的10万元吧。其实,这是错误的。假设年收益为7%,那么第一种在60岁时获得养老金为70多万,第二种获得只有60万多,所以从这个理财方案中,我们可以得知,理财越早,收益也就越大。

现实中,很多富人之所以成为富人,就是他们发现了时间的秘密。他们的理财总是比穷人要早,坚持的时间也更久。所以投资越早越好,晚几年,你可能用一辈子都追赶不上。

尤其对年轻人来说,不要因为贪玩而丧失了最佳的投资时机,所以这个时间段最好选择一种适合自己的投资方式并不断坚持,投资得越早,其收益就会越多,而且还能使你早点受益。理财一定要趁早。在时间的积累中,复利效应会使早投资的你轻松获得更多的收益。

投资要趁早,其实我们可以通过很多方式来进行计算,论述和证明这个理论。假设你现在年龄为23岁,你开始投资,并且在理财规划师的建议下选择了一种报酬率为10%的投资工具,每年投入1000元,一直投资到40岁那年,那么你所获得收益将近5万元。

又假设你晚7年投资,也就是从30岁开始投资,同样是回报率为10%

的理财工具，那么到了 40 岁的时候，账面只有两万多元，与在 7 年前投资的收益差距相近一半。

所以理财就是这样一种活动，你投资的时间越早，你的资产就能更快地实现增值和翻番，你就获得更高的财产收益。如我们看到一个故事，说的是在大草原上，狮子教育自己的孩子："孩子，你必须跑得快一点，再快一点。你要是跑不过最慢的羚羊，你就会被活活饿死！"而在另一片草地上，羚羊妈妈也在教育自己的孩子："孩子，你必须跑得快一点，再快一点，如果你跑不过最快的狮子，你就会被它们吃掉！"

虽然在刚开始投资的时候，时间带来的收益并不是很明显，但随着时间的延长，你就发现它们之间开始出现了差距，并不断地以更快的速度拉大差距，因此，若是你希望通过投资获得较高的收益，就一定要尽量地早投资，然后拉长投资的时间，实现资产的最大化收益。

"打理财富，赶早不赶晚"并非是一句空洞的口号，而是应该在自己有理财念头的时候尽快将它付诸实际的行动。也许你觉得自己现在的生活很惬意，而且自己还很年轻，有的是大把的时间去进行理财，或许你觉得自己的家庭富裕、父母有钱，或许你觉得自己可以嫁给一位有钱人，即使你拥有再丰厚的条件，你也应该尽早地为自己的生活早作打算，因为这个世界是充满变数的，谁也不知道风险什么时候会降临，就连那些超级富豪都会破产，你不觉得自己思考问题过于简单、过于主观了吗？

所以聪明的理财者都懂得未雨绸缪。所以趁着自己现在还年轻，早为未来的理财规划做打算，尽早踏上理财之路，才能早日实现财务自由的梦想，那么在多年之后，你就会尝到早投资带来的甘美果实。

总而言之，理财一定要趁早，理财就像茅台酒，时间越久，酒香越浓。在复利效应的作用下，拥有巨额的财富并不是一个梦想，就看你能不能尽可能早地进行理财，所以理财要尽早，不然你用一辈子来追都不一定能追得上。切记，投资越早越早受益，投资越久，回报越多。

5

合理分配资产，学会理性消费

当你收到第一笔薪水的时候，你就要学着用这笔资金来安排自己的生活。如果分配合理，那么你的生活也会变得有序、轻松、幸福，反之，则会处处阻碍，甚至使你无法安心工作。人生路上难免会遇到风雨，要有未雨绸缪、居安思危的思想，因为俗话说：人无远虑，必有近忧。

巧妙分配你的工资

“哈哈，终于要发工资了。这个月还房贷1500元，水电费200元、交通费100元、电话费200元、伙食费500元……哎，又超了，月初明明规划得很好的，但到了月底一算总开支还是会超过当初的预算，下个月一定要严格执行月初的规划，控制一切不该有的消费，以免又出现这个月这样的情况。”张美玲对自己说。

即将领到工资的张美玲又一次为自己这个月的工资分配而感到不安，因为她虽然在每个月月初都会下定决心控制支出，但最后到了月末一算却又总是无法完成月初的计划，由此可以得知张美玲是不善于理财的。对于靠薪水生活的上班族来说，学会合理地分配工资便是走向理财之路的第一步。如果工资分配得不好，在后面则不免会有拆了东墙补西墙的行为，最终财务也会变成一团糟，理财也就变成了一句空谈。对于工薪阶层来说，理财的资金主要来源于工资，所以首先你要将自己的工资进行合理的分配，这样能进行理财，才有可能使财富不断增值。

刚开始上班的上班族，很多人是刚开始学会独立生活，没有很多对待金钱的经验，很容易将自己的财务弄成一团乱麻，甚至还有不少人在月末借债度日。每次发工资，进行工资分配，就是这些人最头疼的时候，好像无论他们怎样进行工资分配，到最后总会变成一团乱麻。那么，究竟该如何分配自己的薪水才算是有效和合理的理财方法?

几年前，张薇薇还是一位刚毕业的大学生，上班不久后，公司开展了一次理财规划教育，张薇薇认识了理财规划师李福友，张薇薇向李福友讨教该如何合理地分配自己的工资。李福友根据张薇薇月薪3000元左右的事实，为她设置了一份分配工资的方案。首先根据自己实际生活中所需要的开销，列出一个清单，如每月必需的伙食费、房租、水电费、交通费、购物费、电话费、学习费用、旅游费用、请朋友吃饭的费用以及用来应急的存款等，这些花费每一项都要根据自己的实际需要严格地控制开支，这样尝试一段时间以后，就可以知道自己在各项花费的需要，从而能够合理地进行工资分配。

最后，张薇薇在李福友的建议下每个月都固定拿出一些钱来做投资。几年之后，张薇薇不但买了房子和车子，而且还在盘算着自己开公司，实现多年以来的创业之梦。

我们可以看到有理财观念和没理财观念之间的区别，通过理财师的建议，张薇薇利用列清单的方式去分配自己的工资，使自己的生活变得有规律且舒畅。看看张美玲和张薇薇生活的鲜明对比，我们就会明白，懂得理财是多么一件重要的事情。重要的是张薇薇经过投资，逐步实现了自己的梦想，体现了自己的人生价值。

你是否也想让自己的生活变得有规律?想早日实现财务自由的梦想?其实合理地分配工资并不是一件很难的事情，通常我们进行工资分配都会

涉及很多方面，只要根据我们的实际情况去进行规划，我们必然会有一个有秩序的幸福的生活。一般来说，只要做到下面几个方面，工资分配就算合理和有效。

首先，划分出生活中必需的硬性消费。这些费用包括如手机费、宽带费、水电费、房租、燃气费、交通费、物业费等，这些开支都要进行详细的规划，因为这些事情比较琐碎，规划起来是比较困难的。

当然，如今在社会上，各种应酬都是需要花钱的，如和朋友同事一起唱歌、吃饭、买衣物、凑结婚份子等都需要你付出金钱；在与朋友约会的时候，你还需要打扮一下自己，买点儿质量较好的衣物等，另外还需要还信用卡以及平时的零食消费等；这些琐碎的开支加起来也是一笔不小的开支。这些开支也应该计入硬性开支当中，所以一定要规划好，以免落下小气鬼或者守财奴的称号，影响自己的个人形象。

其次是进行储蓄。你最好能每个月存一些钱到银行里去，这些钱可以当做应急资金。像这样每个月强制自己存一部分钱，日积月累，几年后，这笔钱就会变得很多，成为能够帮助你解决后顾之忧的资金，这样你才能更放心地去发展自己的事业，所以在每月领到工资并排除掉硬性支出之外，首先要选择存起来一部分。

最后是进行投资，其中包括对个人能力和事业的投资。如果算到现在，你每月的开支还会有结余的话，那么拿这些钱进行投资是比较好的选择，这笔资金也就成了你实现个人资产增值的保障。在理财时，你最好选择个人比较熟悉的领域，而且在选择理财产品后，最好的方式便是选择长期持有，在复利效应的作用下实现资产增值。当然，最好将这笔资产单独列出来，不参与下次的工资分配，这样你便拥有了理财专项资金，避免各项开支混合在一起造成财务混乱，使你能够心无旁骛，尽早实现自己的理财目标。

按照理财师的说法，这些对日常开支的分配被称为分账管理，就是将不同的生活开支分开进行管理，这样能够加强对自身收支的控制，而且还可以从这些消费中发现那些不必要的开支，及时调整自己的消费习惯，养成良好的消费行为，从而实现资金的原始积累。

采用上面的方法后，很多上班族开始发现自己对工资的分配使用变得越来越得心应手，自己的财务也由当初的入不敷出慢慢变得有了结余，并且可以用省下来的钱进行投资，让自身的资产开始不断地增值了。

所以现在，还是学会控制消费欲望吧，尽量减少不必要的开支，这样你才会积累一笔资金，慢慢地实现自己的目标，或者这笔资金可以为未来的生活提供一份保障，使你放开手脚、后顾无忧地去实现自己的理想。

守好自己的“不动产”

“不久前，爷爷因为旧病复发住进了医院，急需钱做手术。本来我在银行有存款的，但不久前贷款买车子便把这笔救急资金取了出来，现在存款已经被我花光了。本想着度过这个月等下半年发工资的时候补上，谁知道这么快便发生了如此令人不安的事情……”

案例中的潘东海急得都说不出话来，事实上，他为未来准备的救急资金一点都不少，只是这两个月，因为买车和保修车子，将这笔资金被挪作他用，到爷爷意外病倒的时候却拿不出钱来。其实在现实生活中，很多人都会遇到如同潘东海一样的事情，很多时候也给自己留下了一笔“不动产”，但总会因为各种各样的理由被挪作他用，等到真正需要钱的时候，却着急得没有办法去调补。

谁都希望自己的一生能够顺利安康，很多人觉得风险发生的概率是很小的，但很小并不代表没有。一旦风险来临，就会遭遇重大的损失，所以如果能够提前准备一些“不动产”，那么在意外出现的时候，你的生活就不会

受到很大的影响，“不动产”能够给予你恢复正常生活轨迹的时间，使你能够更加从容、淡定地面对人生的风风雨雨。

当然，这里的不动产指的并不是房产一类的不动资产，而是指“不可以去动”的资产，对于这一部分钱，即使你有再好的理财计划和挣钱项目，都不要去动它。这些钱就是将来万一发生意外的事情的保障，可以说是用来救命的钱。如果非要动这笔资产，最好在最短的时间内将这笔资金及时地补上。不过，不到万不得已的时候，最好还是不要动用这笔钱。案例中的潘东海也只是暂时把“不动产”挪作他用而已，可就在这个时候，灾难发生了，潘东海挪用“不动产”的行为也就变成了“一失足成千古恨”。

冯娜英在一家传媒公司做编辑，虽然收入不是很高，但还算是比较稳定。冯娜英所在公司出版了不少关于理财的产品，所以对于理财，冯娜英并不陌生，在日常生活中，冯娜英也有些储蓄习惯，每月领到工资后，冯娜英就会首先从自己的工资中拿出500元存进银行，当然这些钱主要是做应急用的，这个习惯一直坚持了两年，这笔资金慢慢地也积累起来了，成了一笔不小的数目，但是这笔钱一直存着，一直没用到。

然而到了年底的时候，冯娜英最好的朋友遇到一些突发事件急需用钱，朋友找她借，冯娜英心想自己也没有什么用处，就把这笔钱借给了朋友，朋友承诺在第二年的时候会还给她。但让冯娜英没有想到的是，为了应付金融危机，单位要进行改组，要裁掉大部分人员以精简机构。冯娜英就在被裁的员工名单中，冯娜英除了固定的存在银行里的那笔钱，几乎没有任何别的积蓄，于是冯娜英开始着急地找工作，但两个月过去了，工作不是不理想就是工作环境不适合自己，那段时间，冯娜英穷得连房租都交不起了，最后在万般无奈的情况下，冯娜英只好伸手向父母要钱渡过难关，但家里的经济条件并不是很好，为此，冯娜英只能长久地自责。

如果当初冯娜英能够坚守自己的“不动产”，那么也就不会有失去工作后陷入拮据的境地了。虽然，冯娜英在父母的帮助下渡过了难关，但这次的事绝对是一个不小的教训。

所以，无论你是单身一人还是养家糊口，这笔资产都不要去动，即使有十分周全的理财计划也不要动这笔资金，因为动“不动产”，你所承担的风险太大了，每一个有忧患意识的人都不应该轻易动用自己的救命钱。

“不动产”的数目不需要太大，只要能够作为你在未来一定时间内的最基本的生活保障就可以了。这笔资金可以是一笔固定的资产，也可以随着时间不断地积累，理财专家曾经建议这笔资金最少能够满足你在未来半年内的基本生活所需。

不过，“不动产”的数目越大，它能够为你提供的有保障的生活的时间就会越久，也能够让你有更多的时间去调整自己的生活状态，所以在日常生活中，在自己能力所及的范围之内，多为自己准备“不动产”，当然前提是“不动产”不能够影响你的投资理财计划，所以不动产的数目还是不要太大，最多能够保障自己在未来几年内的基本生活需要就行了，这样，你也能留出资产进行投资，也有抵御风险的能力。

在打拼的过程中，随着你收入的增加或者是生活质量的提高，那么你的“不动产”就要随着你的收入或者生活质量而同步提高，以免在遭遇风险后，即使有“不动产”，也要降低生活质量，这样就会使你原本因为遭遇风险而变得不快乐的心情更加郁闷。“不动产”的准备有点像“强制储蓄”，但二者的本质却是不相同的，强制储蓄的目的主要是实现资本的积累，以实现后继的投资计划，而不动产则只有一个任务，就是救急，在你生活比较艰难的时候，这笔资金能够给你带来帮助。

当然，“不动产”并不是永远不能动用的，这笔钱本身就是拿来应急的，如果在任何时候都死撑着不用，那么当初存下这笔钱也就没有意义了。不过，无论是因为自身问题还是因为暂时性的资金紧张，“不动产”一旦被动用之后，还是要在尽可能短的时间内想办法将其补足或是重建的。

在现实中，我们必须要尽可能守好自己的“不动产”，这样在我们遭遇

风险的时候，就不会无所适从、手足无措，并且可以在这笔资产的帮助下很快渡过难关，所以我们不妨从现在就开始多多准备“不动产”，最好的方式就是根据自己每月的收入强制性地往银行里存钱，趁早完成“不动产”的准备，准备得越早，你才会在人生的道路上后顾无忧，越走越从容。

6
存钱就像挤海绵里的水

有人曾经说过，时间就像海绵里的水，只要去挤，总会有的。其实存钱也是这样的，只要在生活中学会精打细算，就总会有剩余的钱。中国台湾富豪王永庆曾经说过："你挣到的钱并不属于你，只有存下来的钱才是真正属于你的。"所以，要想实现财务自由的梦想，学会存钱吧。

存钱，实现投资的第一步

世界著名的投资大师巴菲特曾经在中国的一所大学学堂里进行演讲，演讲的题目是如何进行投资。学堂里挤满了年轻的学生，巴菲特众望所归地站在学堂的讲台上，一双眼睛炯炯有神，他环视一周，说："我认为实现投资有 3 步需要走。一，进行存钱；二，进行存钱；三，还是进行存钱。"学堂里一片寂静，几秒钟后，热烈的掌声开始响了起来，经久不息。

诚然，如巴菲特所说，投资最重要的就是存钱，这是投资的第一步，也是最重要的一步。很多像巴菲特这样的富豪之所以成功是由于他们获得自己的第一桶金，而把这笔资产用来投资。在他们的日常生活中，随时可以看到他们为省钱所作出的努力。即使在成功之后，这些富豪依然没有忘记存钱。

如中国台湾富豪王永庆曾经这样说过："年轻的朋友们，当你有了一份

工作，别总想着赚钱，更要懂得把赚来的钱攒下来、存起来。赚来的钱不是你的，只有攒下来的钱、存起来的钱才是真正属于你的。”在日常生活中，王永庆的生活也是十分节俭的，他非常重视存钱。当年，他也是靠存钱才为自己赚到了最初的资本，走上了创业发家之路。

很多人都明白这样一种事实，即仅仅依靠打工是难以致富的。上班是为了实现资产的原始积累，当我们的手中有足够的资本的时候，通过投资理财，我们就可以获得很高的收益，甚至比自己辛苦工作一年所得还多。所以上班只是让我们生活有保障，是资本原始积累的一种方式，真正想要致富，还是要存钱、理财。

李大维和张美艳毕业后便加入了“毕婚族”，刚开始的时候，两人租住在一个地下室里，虽然两人的工资加起来是可以租住楼房的，但为了节省资金进行理财，他们的生活很艰苦。为了早日实现理财致富的梦想，他们每月便强制性地存下不少钱。张美艳和李大维一样每天挤地铁去上班，张美艳很少购物和进行美容，在超市购买东西也是尽量选择打折的商品，夫妻二人把大部分积蓄都拿来购买理财产品。

由于利息的复利效应，十几年后，他们当初存的钱翻了好几番，再也不需要住地下室、挤地铁了，他们在北京买了房子和车，过的是令很多人羡慕的富裕生活。

由于理财观念的普及，现在几乎所有人都知道自己应该通过理财来让自己的资产实现增值。但是，要想投资理财，本钱是必需的，只有投入才能获得产出。对于没有高收入的普通人来说，存钱就成了最好的获取理财本金的方式。

所以在年轻的时候，还是学习存钱吧，多存点钱，作为进行投资的本钱，不要只是为了享受眼前的生活而过度消费，从而使资本增加的时间变得更加漫长，失去财富增长的好机会。无论如何，存钱才是实现财富增值的第一步。

精打细算，省下的就是存下的

张小白在这个城市已经工作5年了，现在是一家外资企业的部门经理，年薪十多万。作为部门经理，张小白的日常应酬也很多，虽然年薪不低，但去掉房租、养车钱再加上生活中各种琐碎的费用，一年到头张小白的手中往往剩不下太多的钱。就这样，年薪十几万的高级白领张小白成了名副其实的“穷忙族”。虽然张小白明白省下的钱才是自己的钱，但是张小白就是不知道该如何精打细算，让自己早日摘掉“穷忙族”的帽子。

都市中，很多白领加入了“穷忙族”的行列，虽然工资不少，各种福利待遇也很好，但这些白领到头来总会发现自己手中留下的资产并不多，好像又白忙了一年。白领之所以成为“穷忙族”，就是因为其不会精打细算，用老百姓的话来说，就是不会过日子，挣的钱总是用于各种盲目的消费，不懂得把钱用到需要的地方。其实，在生活中，要想存下钱进行投资理财，最好的办法就是节省，省下来的钱才是自己的。如果你懂得如何用钱，该花的花，不该花的坚决不花，那么即使你的工资不高，你也可以攒下不少钱，让生活过得有滋有味。

过日子讲究的是细水长流，家庭生活烦琐而细微。其实在生活中，只要自己能够把握好各个方面，做到不浪费，就能够存下一笔钱作为理财的资本，让理财观念渗透于生活中的种种细节之中。在平时，我们要从下面几个方面注意。

首先要学会省水，要注意看看厨房里的水龙头和流量控制阀门，根据水压表的走动规律，你就会明白该如何合理地控制水流，实现节约用水。洗漱间的马桶和洗浴器具以及热水器等都要选择各种节能型的，不要嫌贵，因为这些机器可是终身在为你节省水量，所以在购买的时候要注意，这样

才能在日常的生活中随时实现节水的目标。

然后是学会省电。电价虽然看起来并不算太贵，但谁的家里没有几件家用电器？电冰箱、电视、热水器这些耗电大户我们每天都在用，日积月累的加起来，电费也是一笔不小的数目，所以，在购买家电的时候要尽量选择那些节能型的，如节能冰箱、节能灯具等等。这些节能电器省下来的电钱是非常可观的。另外还需要注意各种节能电器的使用技巧，如电冰箱要尽量减少开门次数和开门时间，夏天的时候调高冰箱的温控挡，及时清除冰箱里的结霜，存放的食物不要太满，以免妨碍空气流动，影响制冷效果。

再次是学会省气。首先要减少做饭的时间，即使三餐你都在家里吃，也要注意中午时可以一次性煮两份汤，然后晚上的时候热热就可以喝了。炒菜的过程中，刚开始要用大火，但当菜熟的时候，应该调至小火，盛菜时将火减到最小，直到第二道菜下锅再将火焰调大。养成这样的生活习惯，既可以帮你省下不少燃气费，也能减少由空烧造成的油烟污染，实在是一举两得。

最后，在生活中，肯使用二手物品是一个人有着成熟的消费观念的表现。现在网络上有不少关于二手物品买卖的网站，注册后，就可以在里面选择自己喜欢的物品了。有些物品甚至可以租来使用，一般来说，需要你预先支付一定的定金，然后再付少许的租金便可以了。

再比如读书，很多人都喜欢把书买回家来读，但实际上去图书馆借书要比买书经济划算得多。现在的公共图书馆都是可以免费借书的，只要办张借书卡，再缴纳一定的押金之后便可以借书了。

所以在日常生活中，我们要发扬“低碳”精神，换句话说，如果你想少花钱，过舒适的生活，就需要你把钱用在刀刃上，在生活细节处发现可以节省的方法，总之，你要开动你的脑袋，找到更多省钱之道，让你的理财变得科学有效。

7 世界上没有低风险、高报酬的事

人的性格中有一种缺陷，就是喜欢占小便宜，有些人甚至因此失去了良好的人缘。其实人们早就在日常生活中发现占便宜是件挺不靠谱的事情。俗话说，无事献殷勤，非奸即盗。你也可以把那些低风险、高收益或者无风险、高收益的项目看做无事献殷勤，接下来你就应该明白该怎么做了。

投资产品必知的三要素：风险、收益、流动性

世上并不存在百分百挣钱的投资方式，任何投资组合都有其局限性，要想进行投资，首先你必须明白和投资共存的三要素：风险、收益、流动性。在投资的时候，你要兼顾好风险和收益，同时注意资金的流动性。在进行选择的时候，不同的投资产品，其风险和收益及流动性也是不一样的，所以要根据自身的实际情况以及理财规划合理地进行选择、配置，以便选择最好的投资组合。

风险、收益和流动性是与投资相存的三要素，无论你选择何种投资方式，你首先就要从这三方面进行考虑，在选择的时候多问问自己，收益多大？风险有多高？资金的流动性有没有问题？

我们进行投资就是为了能够获取较好的收益，如果没有收益，我们的投资也就失去了意义。大多数人参与投资，第一个想法就是获得丰厚的收

益，这是我们在投资的时候必须考虑的问题，虽然很多投资产品属于保值产品，但若是没有获得收益，或者收益没有跑赢通货膨胀，那我们的投资很明显是失败的，事实上，是遭受了损失，所以在投资的时候，我们必须考虑收益问题。

然而，不是所有的投资者都有较好的理财观念和投资心态，很多人在投资市场中盲目追求高收益，甚至抱着一夜暴富的心态进行投资，由于过分追求收益，置风险于不顾，很多投资者想的都是“舍不得孩子，套不来狼”，事实上，这种投资观念是错误的，是应该及时改正的，没有好的心态而想获得好的收益，基本上是不可能的。

对投资者来说，首先考虑的应该是风险，因为风险会让我们遭受损失，是具有危害性的，然后考虑的才是收益。对投资者来说，最好能够对理财产品选择较好的配置、组合，分散投资，这样做的目的也是为了避免高风险，获得稳定的收入。

在电视或者网络上，我们常常看到理财专家对投资者的建议，如根据年龄的不同划分为保守型、进取型、积极型等，又或者根据投资的属性，股票持有多少、基金持有多少以及外债持有多少等，总之，理财专家会根据你自身的实际情况和你的理财目的决定投资配置比例。其实这是一种防范风险的措施，虽然股票等都具有高收益的特点，但不要小觑其高风险性的特点，我们知道报酬的高低是与其投资风险呈正比关系的，但我们也不能为了追求高收益而置风险于不顾。

如果我们只考虑高收益而忽视了投资风险的评估以及个人风险承受能力的评测，那么当风险来临的时候或者购买的产品价格不断下跌的时候，投资者就会遭受巨大的损失，这是大多数投资者都不愿面对的现实。

张晓阳的投资生涯是从2007年开始的，当时的股市正在节节攀升，张晓阳在朋友的建议下购买了股票，他把自己原本准备用于购房的30万元投入到股市中，即使一个月能有10%的利率，一年下来，收益也是非常可观的。牛市的疯狂涨劲果然没有让张晓阳失望,几个月后,张晓阳的股票市值已经突破50万。

张晓阳很高兴,但高兴的日子并没有持续很久,很快股票市场出现了波动,股市开始出现了跌盘,短短的5天时间,张晓阳的股票市值就变成了40万,接下来的几天又出现了几次大跌,张晓阳所买的股票连续跌停,不久后便只值15万了。

损失了一半的资金,张晓阳痛心疾首。但他不甘心,他想重新把钱挣回来,于是他继续保留股票,但到了2008年的时候,张晓阳的账户金额不足10万元,买房计划也随之流产了,张晓阳十分懊悔当初没有在价格最高时及时抛出。

张晓阳自身并没有专业的理财知识,只是在投资过程中盲目地追求高报酬、高收益,忽视风险,最终也遭受了重大损失。即使在牛市也是有风险的,有的投资者被胜利冲昏了头脑,忘记了风险,盲目跟进,在该"割肉"的时候又狠不下心,最终遭受更大的损失。

由此可见,年轻人或者上班族在进入投资领域的时候,一定要保持良好的理财心态和投资观念,拒绝贪婪,在考虑收益的同时更要考虑风险,在做资产配置的时候,要根据自身的实际情况以及承受风险的能力做出合理的选择。当然,对于一些有家室或者需要赡养父母的上班族来说,最好还是选择稳健的投资方式。

在投资中,除了收益和风险外,剩下的就是要考虑资金的流动性。在生活中,谁也不能保证自己的一生能够平安顺利,在遇到一些突发事件的时候,我们手头上最好有一笔能够应急的资金。虽然资金的闲置是不符合理财理念的,但我们还是要留出一部分钱用来救急,以免在风险来临的时候被迫打乱自己的投资计划。

另外,你可以把这笔资金存在银行里,甚至还可以将它们分为几份,存成定期,这样在需要用钱的时候,需要多少便取出多少,虽然会遭受利息损

失，但毕竟是少数。另外，还有一些存单不断地实现保值、增值的功能。

作为投资者，首先要了解掌握投资的三要素：收益、风险、流动性。在投资配置的时候，好好地将三要素进行综合考虑，并根据自身情况尽量采取分散投资的方式来规避风险，另外，资金的流动性也是需要仔细考虑的问题，在深思熟虑之后选择最适合自身的投资组合，促使资产不断保值、增值。

做赢得起也输得起的投资者

“最近发生什么事情了吗？我怎么看见你在办公的时候有点闷闷不乐？”张晓敏问自己的同事范美玲，范美玲最近几天总是愁眉苦脸的。

“我能高兴吗？几年前，我盲目听从别人炒股的建议，把自己的积蓄全部投资到股市中，如今股票账户上所剩无几了，买房子、买车的梦想又离我远了一步。”范美玲有点抱怨地说。

“唉，我也是啊。老公把家里的资金拿去炒外汇，结果却一败涂地。现在我们都不敢提要孩子的事情，因为没钱养。我都快30岁了，还没自己的孩子。”张晓敏的心情也变得沉重起来。

投资要量力而行，不要像范美玲或者张晓敏的老公一样，赢得起却输不起。生活中，这样的例子有很多，因为投资失败而使家庭生活陷入到困境中，更是使不少人生计划被迫往后拖延，张晓敏想要孩子的计划、范美玲买房、买车的计划都是这样。所以，做投资的时候，首先要考虑如果输了会给自己的家庭或者生活带来什么样的影响，是否在自身的承受范围之内，不要只顾着赢利的诱惑而置风险于不顾。

赢得起，输不起，说白了就是风险承受能力较低，赢的时候信心暴涨，但一旦价格下跌，却没法控制风险，甚至一次危机就有可能输掉全部。事实上，赢得起，输不起的投资者占很大一部分，很多人都是以自身的资产做如同博弈般的投资，一旦失败就会一败涂地，甚至严重影响生活质量。

对于年轻人来说，千万不要做自己输不起的投资。在这个时间段，自身还处在资金积累的阶段，在投资的时候，保本是最好的选择。在做任何投资的时候，都要首先想清楚，如果输了，自己是否能够承受得起？如果输不起，就不要做这项投资。

在进行投资的时候，最好对自己的风险承受能力做一个科学的考察，明白自己能够承受的底限在哪里，同时也要仔细考虑，如果失败，是否承受得起？不要被投资的收益所迷惑，如果觉得赢得起却输不起，那么这笔投资就不要做。在做生意的时候，精明的商人会仔细地考虑自身的承受能力，然后做出最恰当的选择，投资也是如此。

对于年轻人来说，首先最好不要投资股票、期货等之类的金融衍生品。尤其是经过多年的打拼才好不容易拥有自己的第一桶金的人，那毕竟是自己的血汗钱。如购买国债、央票、信贷资产的产品，这些产品稳定性很高，风险较小，收益也相对稳定，适合刚进行投资的年轻人保本增值的需要。否则，一旦遇到风险，就要重新开始积攒第一桶金的过程。

在投资中，选择保本产品投资并不是拒绝其他投资方式，这只是进行投资的第一步，随着你对投资了解的加深，你可以试着通过各种高风险的投资工具来实现财产的增值。慢慢地从当初对财富的不了解成长为一名成功的投资者，对投资也会有自己独特的见解，在投资道路上越走越远、越走越顺。

开始的时候，你可以采用模拟的方式进行投资，试试在投资中，自己究竟可以承受多大的损失。在实际的投资中，你可以先投入一部分资金，然后慢慢地注入资金，到了觉得自己已经无法承受的时候就停止资金注入。

另外，对风险的控制还要受个人止损能力高低的影响。在风险来临时，如果你不能果断止损，那么即便本金很雄厚，也会被市场吞噬殆尽，所以在投资之前，你要为自己设置止损点，并且严格执行。在平时多跟那些有经验

的投资者学习止损方法，在投资中，如果资产的损失达到一定的限度，就抓紧时间撤退，犹豫时间越久，损失越大。

在投资的过程中，最好能够调整好自己的心态，不要有贪婪、恐惧或者一夜暴富的心理。要知道，只有心态平和，你才能冷静地从市场的变化中找到投资的窍门，不会被负面情绪左右自己的投资选择。

总而言之，在投资生涯中，要时时刻刻记住做赢得起也输得起的投资，保持冷静的头脑，不要被市面上的高收益所诱惑，保持一颗平常心，同时也要加强对止损能力的学习，这样在遭遇风险的时候能够快速地做出反应，避免财产损失。世上没有低风险高报酬的事情，投资也不例外，所以投资既要赢得起，也要能输得起。

通往财富的投资路，有宝藏也有陷阱

张夏柏和李淑娇是同一家公司员工，二人都热衷于理财，几年下来，也算是小有积蓄。但是，最近二人却在买不买某支股票上争持不下。张夏柏认为应该买，因为这支股票的收益率很高，公司的经营状况十分不错，而且属于垄断产品，风险较小。李淑娇反对，股票的价格远远高于市场价格，这是很异常的，明显是有人在炒作，买这样的股票即使有收益也会很低。

张夏柏没有听从李淑娇的建议，购买了大量该公司的股票。然而让人意外的是，这支股票一上市，价格就不断地下跌。无奈之下，张夏柏只好忍痛“割肉”，直到这时，她才后悔当初没有听李淑娇的建议。

在通往财富的道路上有着数不清的宝藏，同时也有着令人眼花缭乱，防不胜防的一个又一个陷阱。一不小心落入了陷阱中，就有可能被这些陷阱吞噬掉自己的血汗钱，所以，在通往财富的道路上，我们一定要练就一双慧眼，能够分辨这些陷阱，否则就会像案例中的张夏柏那样在财富场上蒙受巨大的损失。

2008年年底的时候，纳斯达克前主席伯纳德·麦道夫因涉嫌设下投资骗局被捕，涉及款项高达500亿美元，这次诈骗的影响已经超出美国，在世界各国都产生了影响，尤其是各国银行和对冲基金。

有人曾经这样说过，如果以投资工具来比喻麦道夫，他被视为是最安全的“国库券”。然而就是这个被视作“国库券”的人让全世界的人都上了他的当。很多国家的银行、富豪名流都陷入到麦道夫诈骗陷阱中，其中不乏一些麦道夫的支持者。他们中很多人由于盲目相信麦道夫，把自己全部的积蓄甚至养老的钱都投了进去，真是欲哭无泪。

麦道夫的诈骗手段并不高明，他只是拆东墙补西墙，即用新投资者的钱支付老客户的利息，只要新的投资者不断地被骗过来，麦道夫这场游戏就可以继续玩下去，而且诈骗很难以曝光，因为麦道夫确实支付投资者利息。要不是后来发生的金融危机，很多客户支取现金，促使麦道夫的骗局曝光，麦道夫还会一直骗下去，会有更多的投资者受到损失。

这起震惊世界的著名的麦道夫诈骗案给所有投资者敲响了警钟，在通往财富的投资路上，投资陷阱无处不在，在投资中，必须学会谨慎小心，在投资市场中除了这种金融诈骗外，各种各样甚至稀奇古怪的陷阱从来就不缺乏，所以投资者要学会从小处着手，注意观察细节，以免上当受骗，使资产出现损失。

2007年的某加盟集团骗局至今还在人们的印象里，一家规模不大的“总部”，其旗下却有十多个在全国各地招商的服装品牌，其中一个品牌的省级独家代理商，全国竟有300多个……如此明显的破绽却被屡屡蒙混过关，全国约有近两万名投资者上当受骗，被骗资产总额高达30亿元。这起加盟集团骗局震惊了整个招商市场，给整个行业蒙上了阴影，使许多诚信经营的品牌企业的招商活动也深受其害。

从这场骗局中，我们可以看出很多投资者的防骗意识和能力都很差，很

容易相信他人。在投资的过程中，投资者要警惕以下几种类型的投资陷阱：

（1）以专卖、代理、加盟连锁、流动促销等作诱饵发展下线的传销活动，以及和利用互联网为中介进行的“网络传销”活动。如上面案例中所说的2007年的某加盟集团的骗局。

（2）以投资展位、铺位、公寓式酒店经营权为名进行“购后返租”、“产权式商铺”等非法吸收公众存款、集资诈骗犯罪活动。

（3）以“证券投资咨询公司”、“产权经纪公司”的名义推销即将在境内外证券市场上市的股票。

（4）以联合养殖、种植、合作造林名义进行“联营入股返利”、租养、代养、托管、代管等非法吸收公众存款、集资诈骗犯罪活动。

（5）利用互联网从事非法境外外汇保证金交易的行为。

事实上，这些投资陷阱都有一个共同点，即高收益。这是一个不折不扣的“诱饵”，尤其是对那些被贪婪蒙蔽了双眼，或者憧憬着一夜暴富的投资者来说，更是难以抑制的诱惑，所以投资者一定要看清这些公司或者人员的本来面目，如果是好的项目，他们肯定会自己做，而不是千方百计地拉拢投资者。要相信这个世界上并没有免费的午餐，免费往往意味着在后期你要付出更大的代价。这些投资陷阱打着“高收益”的帽子，到处招摇撞骗。其实只要投资者细心一点，就可以发现这些投资陷阱有很多的特点：

（1）告诉投资者是海外项目。利用投资崇洋媚外的心理，达到目的。

（2）告诉投资者能“一夜暴富”。符合一些投资者的心态，是最不靠谱的一种说法。

（3）披上合法的外衣。获得某人的认可或者某人也进行了投资，以此增加吸引力。

（4）虚构“有实力”的形象。比如公司是世界500强，其实只是名字相同而已。

（5）告诉投资者“无风险高收益”。要是这样，他们自己就会做了。

(6)迅速给投资者“甜头”。给甜头是为了获取投资者的信任，以吸引投资者投入更多资金。

(7)告诉投资者是创新项目。如今创新成了一个颇吃香的词，似乎一个项目披上创新的外衣就能够财源滚滚。

在投资市场上，如果遇到具有以上特点的投资项目，投资者则需要小心谨慎，多留个心眼，多考察、多问，不要只把眼睛盯在收益上，更不要抱有“一夜暴富”的心态而导致盲目信任、贸然投资，最终只能得到资产损失的结果。

要想从各种各样的陷阱包围的环境中走出正确的投资路，你就要从几个方面开始着手准备。

首先你要克服自身的弱点，如贪婪、渴望“一夜暴富”、心存侥幸、盲目从众或者容易被打动而作出冲动的决定，或者想走捷径、对理财理论缺乏了解，等等，这些缺点都是值得注意的，要在日常生活中处处加以改正。

其次是运用六步自问法，在投资界中有这样一条通行规则，就是说如果一个项目听起来过于完美，那么这个项目则是不真实的。通过六步自问法，则可以避免投资者因为自身的弱点而导致轻信谣言，悔之晚矣。

(1)是什么人或者公司卖给我产品?这个人或公司的信誉如何?实力又怎样?

(2)公司或人拿着我投资的资金做什么?有人监督资金使用情况吗?他靠什么赚钱?

(3)通过投资，我能赚什么钱?赚钱有保证吗?

(4)投资收益率合理吗?行业的投资收益率是多少?如果收益率过高，那么则需要谨慎考虑了。

(5)如果急需用钱，不想要产品了，这个产品能卖出去或者套现吗?又或者产品卖不出去，能留着自己用吗?

通往成功的路总是百转千折，通往财富的投资路也同样不会走得轻松。

总之,在投资的时候,投资者一定要学会谨慎小心,从细节着手,不要操之过急,对投资的产品必须做一定的调查研究,收集一些必需的资料,作为决策的依据。另外,世界上没有低风险高报酬的投资,如果有些项目是这样的,那么投资者就需要小心了,或者干脆不投,换别的投资产品。在通往财富的这条道路上,得到的是宝藏还是不幸遇到陷阱,就要看你事先的准备了。

第二章

财富魔方

投资之前，先搞懂这些关键数字

著名的世界投资大师巴菲特曾经说过：投资是有捷径的。所谓的捷径就是指能够通过复杂的现象看出事物的本质，找出最适合自己的理财方式，规避风险，提高回报率，这样你就会在理财这条道路上越走越顺，早日实现财务自由的梦想。

8

“通货膨胀率”:吃掉财富的大嘴怪

改革开放30年来,货币的购买力一直在下降,十多年前用很少的钱买到的东西,现在要付出更多的钱才能买到。越来越多的人感觉到自己手中的财富在逐渐地缩水,原来,在市场中有一个让货币贬值的大嘴怪——通货膨胀。要想让财富增值,首先就要学会抑制通货膨胀。

通货膨胀给人们的生活带来的影响

“30年前花10块钱就可以买到那时很流行的海魂衫了。现在我身上的海魂衫要100多元呢,但已经变成了人家眼中的便宜货了。”

在商场购物的张女士说,20世纪80年代的时候,海魂衫可是全国名牌,不管男女,也不论老少,人人都很喜欢穿,即使在现在,只要一有机会就会穿,但张女士又自嘲地说如今海魂衫都已经成了现代人眼中的便宜货了。

我们每一个人都会有这种感觉,随着时间的流逝,手中的钱似乎越来越不值钱了,例如在几十年前,10块钱完全可以让一个三口之家过上几天的小康的生活,而现在的10元钱也许只是够两顿早餐钱或者一顿便宜的午餐钱。

在生活节奏日益加快的今天,一种切实的感受在人们心里越来越激烈:手中的钱似乎正在贬值。按经济学家的话说,你正在遭遇通货膨胀。其实在生活中，我们随时可以感受到通货膨胀带给我们的压力。

对于钱的贬值，我们并不陌生，我们甚至可以从自身的生活中轻而易举地发现金钱缩水的痕迹。就拿笔者的生活来说，以前上小学的时候，由于家远，笔者就在学校附近找饭馆吃饭，一个星期10元钱就足够了；中学后，在学校食堂吃饭一星期也就20元左右，而且吃得还不错；高中后，生活费涨到100元一个星期，只能填饱肚皮；大学时生活费已经涨到200元一星期，只够吃点简单的面食；而如今一个星期最起码得五六百，10元钱也许只够一顿简单的早餐。10元钱从当初能够一个星期的饭钱到如今只够一顿简单的午餐，其贬值的痕迹我们轻而易举地找出来。

不仅对我们普通人如此，就连那些成功人士也摆脱不了通货膨胀。李叔的总公司在北京，是家“李记烧饼”店，目前在全国开了十几家连锁店。说起以前的物价，李叔可谓是深有感受，“当初我开始做烧饼生意的时候，5毛钱就可以买一个烧饼，而且是烤得最好的那种，而现在好烧饼都得好几元，一元钱买到的只是素烧饼。”虽然烧饼的价格提高了，但李叔的生意利润并没有得到很大的提高，自己的生活水平并不比十多年前好，“烧饼价格是提高了，可是我购买面粉的价格也提高了啊。”

“上高中的时候，由于在学校住集体宿舍不是很习惯，所以我每天都坐车回家，就是那种三轮车，现在已经不见了，那时候我白天跑步去上学，晚上下课后坐三轮车回家，一次两元钱，10元钱刚好够5天的，那时候，有10元钱在口袋里，市里的任何地方我都敢去，即使迷路，我还可以坐车回家。”如今已是公司中层管理人员的刘小姐，在公司里，吃饭有食堂，住宿就住在公司的单身公寓里。

即使吃住无忧，刘小姐还是感觉到，周末的时候，如果身上只有10元钱是绝对不敢回家的。“现在我回家一趟，身上最起码要带着100元钱，从公司到我家不过是十几分钟的过程，打个出租车就要花掉几十元钱呢，来回就将近100元，如今想想，真是怀念当初只用两元钱就能回家的日子，要是

这样，我可以天天回家住，要知道现在从公司到家的距离同以前从学校到家的距离相近。”

从上面的故事中，我们不难看出，通货膨胀在市场中是处处可见、处处可闻的，农民、工薪族、商人、学者、教授的生活都摆脱不了通货膨胀带来的影响。

从新闻、银行或者是理财师的讲座中我们可以常常听到通货膨胀这个词语，我们可以很轻松地说出它，但你了解什么是通货膨胀？或者通货膨胀是什么意思呢？

你可以从自己的生活中感受一下通货膨胀带来的影响：在小时候花10块钱我们可以买很多自己喜欢的漫画书，而现在呢？就是那种内容较少的漫画书，一本最少也得十多元吧。在小的时候，10元钱可以买一双质量非常好的鞋，可如今地摊上的鞋都以50元起价，专卖店的鞋子更是高达几百元钱，也许你说漫画书和鞋子的价格上升对你的生活产生不了多大的影响，那么房价呢，10年前花费10万元就可以住在一个相当好的房子里，而如今，大概只能买到十多平米的杂物室，你还能够无动于衷吗？

又或者在2000年，你租一套100平米的房子需要两千元左右，到了2010年，同样的房子，房租已经在3000元左右了，房租价格涨得这么快，你还能无动于衷吗？

也许你要问，是不是物价上涨就是市场经济发生了通货膨胀呢？我们必须对此有一个透彻的理解。

通货膨胀：让钱变得不值钱

这是一个发生在德国第一次世界大战后的故事。

经过第一次世界大战后，德国由战前的世界经济强国变为即将破产的国家，面对战后的巨额赔款，德国政府不得不大量地发行货币，据说，德国的一份报纸的价格在1921年的时候是0.3马克，然后逐渐上涨，到1923年2月要花100马克买一份报纸，到同年9月份的时候，一份报纸的价格已经涨为1000马克，在秋季的时候，一份报纸的价格竟然从10月1日的2000马克升到10月15日的12万马克、10月29日的100万马克，直到11月17日的7000万马克。通货膨胀给德国人民的生活带来了严重的影响。

那段时期，经常可以出现这样的场景，如一个小偷到了小区别人家里，进到了屋里发现，这户人家的地上到处都是钱，很多地方用筐子装满了钱，小偷找了半天，并没有发现值钱的金银珠宝，只是一张桌子破旧不堪，小偷只好把钱从筐子里面倒出来，偷了几个筐子和一张桌子走了，走的时候，小偷望着满地的马克无奈地摇摇头；在另一个小区里，一位家庭主妇正在煮饭，她宁愿不去买煤，而是烧那些可以用来买煤的纸币；在街头常常可以看见一些儿童用一捆捆的纸币马克玩着一种叫做堆积木的游戏，偶尔还有几张大额的马克纸币飘在空中，但路人瞧都不瞧一眼。

上面的案例或许有点夸张的成分，但如果你知道在战后那段时间德国的货币发行量增加了上千亿倍造成严重的通货膨胀，你就会明白，故事中小偷、妇女或者是儿童以及路人的做法其实都是相当正常的。

经济学家说：所谓通货膨胀，是指因货币供给大于货币实际需求而引起物价总水平的一段时间内物价持续而普遍的上涨现象，其本质是社会总需求大于社会总供给，从而导致物价上涨。

简单来说，就是指在短期内钱不值钱了，一定数额的钱不能再买那么多东西了，货币的购买力下降了，如在1980年的时候，100元可以买100多斤猪肉，或500多斤面粉，或10瓶茅台酒。在21世纪，100元却只可以买到不到10斤猪肉，或200多斤面粉，或者一瓶茅台酒都买不到。通货膨胀是人们不愿意看到的事情，虽然在市场经济中，通货膨胀经常存在，但货币的贬值却是每个人都不愿意见到的。

很显然，通货膨胀给我们带来的影响是深远的，但并不是所有的物价上涨都可以称之为通货膨胀，通货膨胀在其定义里有自己独特的约束范围，首先是物价总水平的上涨，表明其物品的广泛性。物价包括商品价格和劳务价格，那些经过炒作而导致物价上涨的商品并不在这个概念之内。

另外，它还具有时间的延续性，不是指一次性或者短时间内的价格上涨，而是持续的一个过程。由于意外而产生的通货膨胀并不在此列，如非典时期的板蓝根从最初的 5 角钱一袋涨到后来的上百元一袋。只有价格持续地上涨，时间较长的时候，才可以称为通货膨胀。

在现实中，我们常常遇到物价上涨的时候，只是涨幅较低，比如 0.3%，很难说这就是通货膨胀，因为适当的价格上升对经济的发展是有好处的。那么通货膨胀率究竟多高才算得上是明显的上涨呢？对此并没有明确的规定，很大程度上要看百姓对价格的敏感程度。

通货膨胀让钱变得不值钱，那么我们的金钱缩水会缩到什么程度呢？改革开放至今，我们手中的钱还有多大的购买力呢？

不久前，曾经有一个大学教授做过这样的研究：他选取了 1981 年、1991 年、2001 年和 2008 年 4 个时间点，对当初的万元户进行了调查，看看在 30 年中万元户财富的变迁，主要是从家庭收入和居民人均储蓄两方面进行着手，得到的结论是 1981 年的万元财富相当于当时人均储蓄的 200倍，按照 2008 年的人均储蓄再乘以二百，差不多就是将近 260 万。

也就是说，30 年前的万元户相当于如今的百万富翁，到现在的 2012 年，恐怕只有 300 万才能抵得上 1981 年的 1 万，也就是说，2007 年的 255 万才抵得上 1981 年的 1 万，到现在的 2011 年，恐怕要 300 万才能抵得上那时的 1 万了。30 年后的现在，万元也不过仅够维持几个月的基本生活，万元户这个说法也早已经退出了历史舞台。

记得在大学最后一堂理财课上，一位老师曾经问同学们，你希望 10 年后可以拿多少月薪？同学们纷纷回答“5000”、“8000”、“10000”，老师听了后笑而不语，他从口袋里掏出100元钱，问10年后这100元还有多少价值？现场的学生很踊跃地回答道："83"、"90"、"70"，老师微笑着说，"100元钱，10年后能保持一半的购买力就不错了，所以同学们，你们的期望不妨再高一点。"

从这些例子里我们可以理解经济学家关于通货膨胀的定义，即通货膨胀是指物价总水平在一段时期内持续、明显地上涨现象。为了更通俗明白地理解这个概念，我们在下面详细描述什么是通货膨胀。

在我们购买的东西中其实可以分为两类，一种是必需品，如事关平日生活的柴米油盐酱醋茶，其价格的波动对人们的生活影响较大；另一种是奢侈品，如金银珠宝，其价格上升对我们的影响较小。在人们收入增加的时候，总是想买些奢侈品，由于需求会增加，从而导致其价格上涨。然而，必需品的收入弹性很小，因为我们每月所用的柴米油盐酱醋茶基本上都很稳定，不会有更多的需求，挣的钱多或少，我们还是买这么多必需品，所以从逻辑上推理，必需品的价格波动较小。然而我们的收入增加了，就可以买奢侈品，从而提高了奢侈品的价格。

通货膨胀让我们辛辛苦苦挣来的财富在逐渐地缩水，钱的购买力在降低，我们究竟怎样避免自己的财富遭遇通货膨胀而缩水？

想要抵御通胀，守住财富，就进行投资吧！

"通货膨胀"让你的财富在悄悄地缩水。比如你工资上涨了5倍，在通货膨胀的条件下，你的生活水平却不能提高到5倍，甚至可能会降低，因为你工资的涨幅低于物价的涨幅，那你就要过比以前更差的生活。根据你了解到的通货膨胀率和你工资上涨的涨幅，你就会明白自己的工资究竟是"真涨了"还是"虚涨了"。

换句话说，即使你挣来丰厚的薪水，如果不去投资的话，随着时间的流逝，你手中的人民币正在逐渐地贬值。

也许一年的通货膨胀率对你来说并没有什么，但是，假以时日，日积月累，等你回头的时候你就会发现，你的财富产生了大量的缩水，几年之前，你还有 20 多万元，同样是 20 万，但可以购买的东西比几年前要少很多，也就是说货币的购买力下降了，在没有进行投资的过程中，你的资产并没有增加，而是出现了大范围的缩水，你辛辛苦苦挣来的钱就这样被通货膨胀吞掉了。

在通货膨胀的今天，做个守财奴显然是行不通的，即使是一个百万富翁，不投资，就无法抵御通货膨胀，他的资产就会缩水，对富人来说，资产缩水，一样不耽误他过富人的日子，可是对普通人来说，财富缩水也许就是意味着连吃饭都成问题。然而我们该如何在通货膨胀的时期避免财富缩水呢？只有进行投资。

怎样进行投资呢？是的，把钱存在银行里，大多数人似乎都这么做，诚然，在中国，这是一种很好的美德，然而在通货膨胀的情况下，货币正在贬值，你的钱放在银行里并不能保值，甚至会让你的财富缩水。

80 后的王军是一家文化公司的部门主管，这是他到北京的第 8 个年头，这 8 年来，他辛辛苦苦踏实地工作，对待客户就像对待亲人，为了实现自己买房的梦想，王军生活很辛苦，为了节省房租，他和别人一起合租房子；为了省下下饭馆的钱，他硬是学会了做饭；他把工资的大部分都存在银行里，每次看着银行卡里的数目变化，王军的心里就充满了喜悦，仿佛拥有了自己的房子。

然而，出乎他意料的是，房价涨得飞快，不仅如此，他还发现自己存在银行里的钱似乎贬值了。当初花 5000 元就可以买一台苹果电脑，可 8 年后，苹果电脑的价格已经涨为 1 万多，算起来货币的增值远远小于电脑的增值，货币的购买力下降了。王军觉得后悔不已，现在的他积极参加了理财培训班，希望可以用将来学到的知识弥补这几年的损失。

曾经和许多人一样，王军不善于理财，他把钱都放在银行里，其实这是一种错误的做法。目前银行的定期存款的年利率不过是3.5%，在通货膨胀率为5%的情况下，你的财富正在以每年1.5%的速率在减少，假以时日，你损失的就不止是这1.5%，所以储蓄虽然是积累资本的第一步，但如果你只会这一种投资方式的话，很快就会被打入贫困阶层，因为通货膨胀率比利率上涨的速度要快得多，把钱存进银行，只会越来越少。

在21世纪，经济全球化的今天，你随时都可能遭遇到比如地震、疾病等各种不可预测的变故，另外你还可能遭遇失业或者是金融危机等挫折，无论是哪一种，都需要你必须有一定的经济基础来承担这些由不可预测的困难带来的危机。前文已经论证过了，仅靠储蓄是不可能致富的，若想在将来的时候能够抵御这些风险，你必须学会进行投资，让你的钱获得高增长率，否则，你只能看着自己的财富缩水，购买力下降，甚至到头来，你可能一无所有，被迫流落街头，这决不是危言耸听。

为了抵制通货膨胀，守住财富，你应该学会投资；为了自己退休生活后的稳定，你也必须学会投资。否则，很多意想不到的困难也许就会降临在你身上。为了防止你的财富缩水，你可以选择很多理财方法，如：

(1)可以选择国债。国债是以国家的财政收入作为保障的，稳定可靠，而且其利率要比银行多出很多，另外，购买国债还是一种爱国的行为，既得利又得名，何乐而不为？

(2)选择基金，如股票型基金。目前基金的种类已经相当丰富，在十多年的发展中，基金市场逐渐变得成熟，是一种可以值得信赖的投资方式，不过，基金一般要长期持有，才能获利多多。

(3)可以选择股票，如创业板。股票的风险相对于其他投资方式来说是很高的，但其收益也要高出很多，所以选择股票的时候一定要经过深思熟虑，才能作出决定。

(4)可以根据保险分红，选择那些既能对你未来的生活多一份保障，又能参与分红的保险，这样的话每年除了数目可观的分红还可以得到额外的奖励。

然而，很多上班族和年轻人觉得选择基金或者股票进行投资是一件很麻烦的事情，很多都是把钱存进银行就不管不问了，结果白白损失了挣钱的机会，而且很有可能会遇到财富缩水等问题，难道你想老了之后，仍然没有足够的金钱进行养老吗?你想沦落在街头吗?如果不想，那就好好学习投资的知识吧，战胜通货膨胀，积累自己的财富。

9

复利“72法则”:钱生的钱,会赚钱

在理财领域,有一个叫做复利的词创造了太多的奇迹,有人把它称为世上最好的挣钱方式,因为它能够让钱生钱。学会和掌握复利的使用方法,将其应用在投资领域中,那么你也能够很快地通过复利效应的魔力,为你带来一笔超出你想象的资金,通过复利,能够更快地学会让钱生钱,实现你财务自由的梦想。

复利:创造财富的神奇力量

1923年,一个名叫山姆的普通美国人出生了。由于山姆的出生,家里的开销明显增加,于是山姆的父母决定将原本用来买车的800美元拿去投资,以便应付山姆长大后的各种费用。但是,由于他们没有专业的投资知识和手段,也不知道如何选择股票,所以只选择了一种相对稳定的投资品种——美国中小企业发展指数基金。

和不少中小投资者一样,他们并没有特别留意这个数额不大的投资,渐渐地,也就把这件事忘了。直到山姆76岁的时候,他才发现自己的账户上居然有3842400美元!山姆俨然已经成了一名百万富翁。

800美元如何变成了384万多美元?这完全归功于“复利”的魔力!

据说,爱因斯坦也曾说过,复利是宇宙中最强大的力量之一,因此,想

要投资理财的年轻人,必须知道复利——“利生利”、“利滚利”:当一笔存款或者投资获得回报之后,再连本带利进行新一轮投资,这样不断循环,就是复利。复利是一种利息计算方式,也是钱生钱的秘密。这是一种投资收益的重要方式,更是创造亿万富翁的神奇力量。

如果从投资角度来看,以复利计算的投资报酬效果让人难以置信。很多人都知道复利计算的公式:本利=本金×(1+利率)期数。采用复利的方式来投资,最后的报酬是每期报酬率加上本金后,不断相乘的结果,期数越多(即越早开始),获利就越大。假如投入1万元,每一年收益率能达到28%,57年后,复利所得为129亿元。可是,若是单利,28%的收益率,57年的时间只能带来区区16.96万元,这就是复利和单利的巨大差距。

在复利模式下,坚持一项投资的时间越长,其回报就越高。或许在最初阶段,得到的回报不够理想,但只要将这些利润继续进行投资,你的资金就如同滚雪球,总会越滚越大。经过年复一年的积累,你的资金就可以攀登上一个新台阶,这时候你已经在新的层次上进行自己的投资了,你每年的资金回报也已远远超出了最初的投资。

假定同龄人小钱和小李都以定期定额的方式每年存入2000元用于投资基金,假定基金投资的年平均回报率为9%。不同的是,小钱是从22岁就开始投资,只连续定投9年后就停止投资,全部累计投资金额为1.8万元;而小李从31岁才开始投资,比小钱晚9年,并且不间断地定投了30年,直到60岁,累计投入金额最终达6万元。等小钱和小李到了60岁的时候,你猜谁的账户余额更多?

等到两人60岁的时候,小钱账户里的余额有358614元,尽管小李投入的累计本金更大,而他的余额只有297150元。

由此不难看出时间复利的作用,这其实就是我们通常所说的金钱的时间价值。只要长期持有,时间越久,复利效果将会越明显。同时,还要记住一条原则:不要间断。间断投资,会让你的投资收效大打折扣。

另外，复利的巨大作用也会从个人的操作水平中体现出来。为了抵御市场风险，实现赢利，你必须研究市场信息，积累相关的知识和经验，掌握一定的投资技巧。在这个过程中，需要克服一些困难，当然在这一个过程中，你也会养成一定的思维和行为习惯。接下来，过去的知识、经验和习惯就会自然地发挥作用，使你在原来的基础上有一个提高。这样坚持下来，你会越来越善于管理自己的资产，进行更熟练的投资。而投资理财能力的持续增长，会让你有可能保持甚至提高相应的投资收益率。

这个世界上，每一个理财致富的人都比一般人多了些坚持、自律和耐心。在复利积累的初期，可能往往看不到明显的收益，而这经常使很多心浮气躁的年轻人失去耐心，但一旦冲破了冗长的积累阶段，复利的累积将带给你无限的惊喜。

人生的价值无法用复利的计算方法得出结果，然而人生与复利投资的意义是一样的。随着时间的推移，同样的起点能够造就不同的人生，在个人成就上，不同的人之间也会有难以衡量的距离。人们在年轻时起点相当，理想也相差不多，然而一生的成就却差以千里。有些人成就斐然，而有些人却一生平庸、碌碌无为，这其实就是“复利”在人生历程中的体现，因此，不管是投资还是人生，从一开始我们都要持之以恒，只有这样才能够得到最好的回报。

投资中最重要的数字：72

在投资中，复利是个很好的增加财富的方式，但在生活中，我们不可能把复利表随时带在身边，如果遇到要计算复利报酬的时候，就会显得手足无措，别担心，在经济学家中，往往是用简单的“72法则”的巧妙方式来计算。

许多经济学家在投资中学到的第一个数字就是72，也就是“72法则”，所以他们在演讲或者教授学生的过程中总是一遍遍地阐述“72法则”的含义和如何使用。这个法则和你增加财富最好的方式复利有着紧密的联系，它能够帮助你解决在投资中遇到的部分问题，所以当你开始理财的时候，就要多花点时间来掌握这个投资法则。

在经济学中，所谓“72法则”，就是投资不拿回利息采用利滚利的方式进行积累，本金增值一倍所需的时间为72除以该投资平均回报率的商数。举例来说，假如你投资50万元在年效益为24%的股票型基金上，要用多少时间本金才能翻一倍，变成100万呢?答案是72÷24=3年。

这就是“72法则”，是让你速度地算出资产增加一倍所需要的时间，非常简单和准确，因而成为很多投资家进行投资时的必备武器。掌握这条法则，你在规划理财计划时，就会详细地计算所需要的时间以及付出的代价，从而做出更好的选择。

假如，你做生意，手头刚积累了30万元，打算用于投资，为刚出生的儿子准备将来进行留学的资金。同时考虑各种因素，你在留学中介估过价，儿子在外学习4年大概需要60万元，假设儿子出国时年龄18岁，那么你应该选择什么样的投资方式?其年收益利率多少?

学习过“72法则”后，你可以很轻松地解决这个问题，通过计算72÷18=4，也就是说资金翻一倍的要求的年收益利率并不是很高，你可以选择比较有发展前途的基金进行投资。

或者，你觉得基金是个新生的事物，你的投资想法趋于保守，最终选择了有国家财政保障的国债，国债稳定可靠，但其年收益利率只有3.6%，那么投资本金会翻倍的时间，就可以用“72法则”计算出来，即用72除以3.6得到20，由此可知，资金翻倍的时间需要20年，就是说孩子的出国计划可能要往后推迟两年。

“72法则”非常好用，能够推一及十，你根据这条法则可以计算出资金翻倍的时间，或者想达到一定的理财计划，你所要选择什么样的投资方式以及它的年收益率多少，给你的生活带来很多方便。

同样，“72 法则”也可以计算贬值，计算在通货膨胀或者负利率中你的损失，如现在的通货膨胀率高达 8%，那么 72÷8=9，也就是说 9 年之后，你手中的 100 元其实只剩下 50 元的购买力了。

当然，用“72 法则”计算你所需要的和查表计算是有一定的差距的，但差别不是很大，这是人们在长期实践中得出的结论，因此当你手中缺少一份复利表，又需要做出选择的时候，采用“72 法则”或许能够帮你不少忙。

王小姐经营教育培训生意。她在做本职工作的同时参加了一次理财培训班，知道了“72 法则”，如获至宝，在以后的炒股、炒债券以及投资房地产中，她都采用“72 法则”进行计算，目前她已经获得了数百万元的投资回报。

王小姐说：“我投资的所有品种的年均收益率都维持在 18 左右。通过‘72 法则’计算知道我每 4 年，资产就会翻倍，事实上真的是这样，‘72 法则’是一条很神奇的法则，它帮了我很大的忙。”

在生活中，通过“72 法则”，我们未来的生活费以及将来如果保持同水平的物质生活所需要的养老金，这些都可以轻而易举地算出来。假设物价的上涨比率是 6%，一个人 20 岁所需的生活费为 1500 元，那么 9 年后，每个月则需要 3000 元才能维持目前的水平，再过 9 年，则需要 6000 元，接近 50 岁的时候则需要 12000 元才可以维持 20 岁时期的物质生活水平。通过这条法则，可以让你对未来面临的状况有一个清醒的认识，鼓舞你去努力。

用“72 法则”，你甚至可以轻易地算出自己的年薪上涨所需要的时间，假如你现在月薪为 3000 元，公司的年薪上涨率为 10%，很容易计算出月薪翻一倍所需的时间，大概需要 7.2 年的时间，你可以根据公司的涨薪幅度以此来决定你留在这个公司究竟值不值的，月薪涨幅的快慢是否符合你的预测，甚至还可以帮你决定是否跳槽。

从上面这些例子可以看出，“72 法则”简单易学，只要费点儿心思，很容

易就能活学活用，对你在生活中进行理财规划提供了非常重要的依据，这是学会用时少却收益大的法则。在投资过程中，有一个清晰的理财规划是十分重要的，理财规划中必须明确需要的时间和年收益率，这对理财目标的成功与否有着很重要的意义。通过“72 法则”，你可以轻易地计算出来。

此外，“72 法则”中还有一个倒着推算的功能，如假设你现在 20 岁，希望在自己 60 岁退休的时候能够拥有 1000 万元的身家，你选择一支股票型基金，年收益率为 9%，那么要完成 60 岁拥有 1000 万元的理财规划，现在需要投入多少本金呢？

我们可以利用该法则进行反向计算。现在的复利是 9%，那么每 8 年，本钱就可以翻一倍。那么到 57 岁你需要的本钱是 500 万元，49 岁则需要本钱 250 万元，41 岁则需要本钱 125 万元，33 岁则需要本钱 62.5 万元，25 岁需要的本钱是 31.25 万元，20 岁时需要的本钱为 22 万元。

所以要想在 60 岁退休时拥有身家 1000 万，那么现在二十出头的你所需要投入的本钱也不过只有 20 多万。本着投资时间越长，收益就会越大的原则，你只需要将投资坚持几十年就可以了。

很明显，“72 法则”虽然简单，但很实用，它可以使你的理财规划更加完善，避免犹豫不决的投资态度。同时，通过这一法则，你可以准确地判断出目前选择的这种投资方式是否正确，能否准确地达到你的理财要求，让你有足够的时间去调整投资策略。

10
“投资100法则”：判断风险承受力

理财要根据自身的承受能力来选择合理的方案，这样的话才能使自己在投资的过程中放得开，而不是患得患失，担心不已。理财最好的方式就是跟着年龄走，不同的年龄有不同的需求或者对风险的承受能力不同，在投资的过程中学会分散投资，选择最佳的投资组合，实现最大化的收益。

投资100法则：理财跟着年龄走

小张现在是某家公司的中层管理人员，年纪不大的他就已经在这个房价高得让人仰望的城市买了套房，还买了一辆十来万元的小轿车，令公司的同事羡慕不已。在一次聚会中，一位平时跟他关系不错的同事终于开口问小张，他之所以能这么年轻就在城里买房买车的秘诀是什么。

原来，在大学期间，小张的学校里举行了一场理财培训班，小张就是在那个时候听到了“投资100法则”——理财跟着年龄走的理财观念，在生活中，小张也是这么做的，他只是在不同的年龄段，根据“投资100法则”对自己抗击风险的能力进行评估，从而得到正确的理财规划。他开始理财比别人早，那么买房买车当然也就比别人早了。

其实，在投资风险的承受能力以及判断上，人们在长期的理财实践中

总结出了简单却包含智慧的“投资100法则”，即以100岁减去理财人现在的年龄所得到的就是理财投资组合中风险资产比例。例如一个20岁的年轻人可以将80%的资产投资于股票及股票基金等风险较大的投资方式中；而到了60岁的时候，这类风险性较高的投资资产的比例就应当降到40%以下了，这时多以稳定性的投资为主，如存定期、国债等风险性较小的投资方式。以此类推，这就叫投资100法则。

在我们人生的每个阶段，由于在社会和家庭的角色不同，所以要根据角色的改变而改变自己的理财规划，在每一个阶段都要根据“投资100法则”对自己风险承受能力进行判断，做出正确的理财规划，真正做到理财跟着年龄走，越走越有钱。

对于处于青年期(20~35岁)的投资者，这个时间段，刚刚踏入社会并在社会上逐渐稳定下来，有能力承担较高的投资风险，所以在投资组合中可以选择风险性较高和收益率较高的理财产品，比如可以投资一点信誉较好、收益稳定的优质基金或者股票，另外还需要在健康上进行投资，投保一些住院医疗、重大疾病等健康医疗保险，以增加抗击风险的能力。

对于处于壮年期(35~50岁)的投资者，这个时期大多数人承担着上养老、下养小的责任，虽然这个时间段收入增加了不少，但财务负担也相应增加，因此可以考虑中长期投资风险类产品，从健康医疗、子女教育、退休养老等三方面为自己做理财规划，如可以参加银行的教育储蓄、购买医疗保险以及一些商业保险，以增强家庭抗击风险的能力。

对于处于老年期(50岁以后)的投资者，这个时间段，如何保持增值是最大的问题，控制风险成为首要考虑的目标。这个时期的投资则要首先考虑稳妥，理财产品应选择货币基金、国债、人民币理财产品、外币理财产品等，这些投资产品既可以免税，风险又相对较少，收益又比同档次定期存款高，而且流动性又比较好。需要特别说明的是，在选择这些投资产品时应以中短期为主。

另外，也可以发展一些爱好或者发挥余热，如在公司挂职顾问，并时不时地辅导年轻人，让自己的老年生活过得丰富多彩和有意义。

小区里的老王退休后，整天在院子里闲逛，不知道干什么好，后来老伴说，你年轻的时候不是梦想着当书法家吗？现在你既然有时间，为什么不去试一试呢？老王听到后，如醍醐灌顶，年少轻狂的岁月又涌现在他的心头，他毫不犹豫就拿起了毛笔来练习书法。

如白驹过隙，5年的时间过去了，现在的老王在书法上已经取得了一定的成果，前不久在市里的书法大赛中，老王的书法得到了评委的赞赏，被评为一等奖，不久前，市长甚至还专门上门去看望他，并向老王索要墨宝。市长走后，老王不再年轻的脸笑得比向日葵都灿烂。居委会也找到老王，希望他可以当一名教师。原来在老王所在的小区里，居委会成立了一个书法班，主要是教一些和老王一样退休的人，老王满口答应了。

如今，老王每天按时起床，吃饭、练字、教学生，每天都忙得不亦乐乎，现在的老王成了小区里的名人，人们见了他，都笑呵呵地打招呼。

像老王一样在老年时依然发挥余热、帮助那些需要帮助的人，谁能说不是一种更好的“理财”呢？至少他们收获了尊重，获得了快乐和自尊。

虽然没有人可以预测将来会发生什么事情，但在理财中如果坚持“投资100法则”，一些理财产品还是有章可循的。学会了“投资100法则”，你就可以根据自己的情况做出最科学的判断，从而选出最合理的理财方式。

可见，根据“投资100法则”，对不同年龄段、不同风险承受能力的理财方式进行合理优化投资组合中的各资产，最大限度地实现利润的增长。在不同的年龄段，每个人的社会处境和家庭处境并不完全相同，所以人们可以根据‘投资100法则’，根据自身不同情况为自己做出最完美的理财投资规划，实现随着年龄的增长，财富也随之增加的梦想，真正做到理财跟着年龄走。

别把鸡蛋放在一个篮子里

袁军和李志是同一家公司同一部门的员工，两人在一起工作已有10年的时间，他们早就从原先的同事关系发展为无话不谈的朋友，甚至很多隐私的话题，二人也经常讨论。因为二人在经验或者收入上都相差无几，所以他们之间有很多相同之处，彼此常常讨论看法，他们的意见往往也惊人的一致，不过在理财上，二者的见解却截然相反。

袁军年纪稍长，在投资上相当保守，他从来都不敢把所有的资金全压在同一个理财产品上，而是把资金分散开来，在股票、保险、基金等方面都进行了投资，虽然收益小了点，但总体来说相对稳定。

李志则是倾向于用重火力全压在最有希望获得高收益的理财产品上，如股票或者股票型基金，为了多挣钱，他往往把全部的资金压在上面，虽然很多时候获得良好的收益，但总的来看并不乐观，甚至还亏损了不少。李志很郁闷，便约袁军在楼下的小餐馆见面，讨论理财的得失。

袁军说："对于理财，很多人往往相信自己的直觉，采用孤注一掷的方法以企图获得较大的收益，但往往年轻人或者很多上年纪的人在理财方面却缺乏经验，并没有实际的理财操作经验，所以对我们来说，分散投资才是最好的选择，从风险管理的角度来看，适度分散可以有效降低投资风险，使收益趋于稳定。"

李志听着直点头，略有所思。回到家之后，他又在网上搜索了一些关于理财的信息，得知很多专家都劝人们不要把鸡蛋放在同一个篮子里，李志开始修改自己的理财计划。

在投资中，究竟是采用重火力集中拿下收益高的理财产品，还是分散投资避开投资的风险？长期以来，这个问题并没有完美的答案，众说纷纭。

比如投资大师巴菲特就属于前者，巴菲特有一句名言："投资应该像马克·吐温建议的，把所有鸡蛋放在同一个篮子里，然后小心地看好它。"对巴菲特这样的老手来说，他有经验和能力能看管好自己的资产，所以在金融危机中，别人都在赔钱，唯独巴菲特没有，反而挣了不少钱。

可事实上，在理财中，我们往往贪图眼前的利益，相信自己的直觉，而把所有的资产都压在自己认为最挣钱的理财产品上，却忽略了理财中收益越高，风险越大的道理。年轻人在理财上不要过于相信自己的直觉，缺乏经验的直觉并不可靠。在理财中，收益和风险从来就是相互依存的，收益高，风险高；收益低，风险低。所以在着眼收益的同时，你应该注意投资的风险，以免血本无归。

对于经验不足的年轻人来说，保护自己的资金更加重要。由于你没有足够的投资经验帮助你发现机会、抓住机会，相比那些投资大师而言，你的投资将面临更大的风险。这个时候，减少投资风险才是首要考虑的问题，所以，对于年轻的你来说，分散投资显然是一种很好的选择。

在湖边的时候，我们常常看到很多爱好钓鱼者，一个钓鱼者侍弄着好几根钓竿，将鱼饵分别放在几根钓竿上，然后坐在那里等，我们心里很明白，这样大大提高了钓到鱼的概率。即使一处鱼饵没被咬钩，还有另外几处可以让他有所收获。钓鱼者之所以这么做是为了保证收益。

这样浅显易懂的道理我们心里都很明白，为什么在理财中，我们就不明白了呢?为了说明这个问题，我们会在下面详细地举例说明。

假设你现在拥有现金 30 万，准备进行投资。通过资料搜索和理财师的建议，现在有 6 种理财方法，这 6 种方法的回报率也不相同，有+10%、+5%、0%、-5%、-10%、-15%，但事先你并不清楚这些理财方式所能够给予你的报酬率，这个时候，你打算怎么投资呢?

如果你将所有的资产全部压在一个理财方式上，那么你只有 1/3 的机会获利，却有 2/3 的概率不赚钱；选择报酬率为 0%的还好，至少还能保住本

金；万一你选择了-5%、-10%、-15%这3种理财方法，损失金钱不说，还浪费了大量的时间和精力。

选择把鸡蛋放在同一个篮子里，和赌博其实没有什么两样，运气占了很大的部分，但真正的投资大师并不相信所谓的运气，他们只相信事前的努力。

假设你把资金分成6等份，分别投资于这理财方式。这样的话，6种不同报酬率的投资方向都有5万元的投资。若持有这些投资项目长达20年，您认为会获得多少回报呢？

单看报酬率，你也许会以为还不如赌一把呢，因为很明显，报酬率为负，然而实际并不是这样，相反你的资产会以7.29%的年度回报率增长着。

若分开来讲，你一定以为这样的投资组合简直糟透了，因为在6个项目中，至少有4个是不赢利的，有3个还一直在亏损，在这样的情况下也能挣到钱，结果会令你大吃一惊。

这是分散投资带来的好处，当你开始分散投资的时候，甚至不用全部资产都获益也可以取得赢利，这样一来，你就可以最大限度地在获得良好的收益的同时保障自己的财产安全。

分散投资是一种经得起时间考验的投资策略。比如在股票市场中，如果你只买一支股票，一旦选错可能会让你血本无归；但你要是买了5支股票，总不可能每支股票都赔钱吧?5支股票中总会有涨有跌，在涨跌相互抵消后，即使亏损，亏损的也只是小数目，完全在你的能力承受范围之内，不至于伤筋断骨。很显然，分散投资是具有规避风险，让你获取收益的良好投资方式。

投资不是赌博，尤其对年轻人来说，由于缺乏实际操作经验和理论指导，不适合集中火力猛攻的投资方式，应该学会分散投资。这种投资方式让我们可以在规避风险的同时获取效益，是缺乏经验的年轻人最好的理财方式。再次提醒一句，别把所有的鸡蛋放在一个篮子里，小心血本无归。

选择最佳的投资组合方式

王强的理财计划让他在两年内尝够了投资的甜头，可是看着比自己大不了多少的好友张凤林买车买房，日子过得很红火，王强的心里觉得很羡慕。其实他自己也知道不少投资理财的知识，但还是总觉得自己似乎还有未问到的地方，于是他决定好好地向张凤林学习理财。

下班后，王强把张凤林约到饭店，哥俩几杯酒下肚，王强就把自己的苦恼说了出来。张凤林静静听着，不久他爽朗地笑起来，说道："现在我们说说如何选择最佳的投资方式吧。在理财专家眼中，投资组合主要有3种方式：投资工具组合、投资比例组合和投资时间组合，你回去后好好根据自己目前的风险承受能力和期望的收益做出一个详细的理财规划，当然是在理解了上面我跟你说的投资组合的3种方式后，我相信你就会慢慢地发现适合自己的投资理财计划了。"

回到家后的王强立即从网上搜索相关投资组合的知识，如饥似渴地阅读起来，为了保证自己理解的正确性，他还报名参加了周六的理财规划师的演讲班，在理财规划师的帮助下，王强列出了未来10年的投资计划，并且决心无论如何也要将这份计划执行下去。

如今金融市场瞬间变幻莫测，在市场这只看不见的手的调控下，许多人在市场满载而归，笑容满面；也有许多人大败而回，一脸的愁云惨雾。在这瞬间万变的金融市场上，许多年轻人不是无所适从，就是因为缺乏经验，损失惨重。很多人在经验和教训中渐渐明白要控制风险，就想到了实行多样化投资的办法。

多样化投资即所谓的分散投资，但在投资中，应该选择最佳的投资组合方式，以求规避风险，获得良好的收益。案例中的的张凤林告诉我们，根

据投资组合实施时所依据的主要条件的不同，投资组合可以分为 3 种方式，也就是他所说的投资工具组合、投资比例组合、投资时间组合。下面我们详细解读投资组合的这 3 种方式。

首先是投资工具组合，顾名思义，投资工具组合就是投资者将资金分为若干份，分别选择不同的投资工具进行投资，采用组合，其实就是采用了分散投资，有利于在风云变幻的金融市场躲避风险，趋向收益。市场环境相同时，不同的投资工具的风险也是不相同的，如储蓄存款收益率低，但风险也低；而股票市场则具有高风险和高回报相存在的特点，例如遭遇金融危机，收益不仅会降低，甚至可能会血本无归。

投资工具的选择是非常重要的。如果选择一种投资工具，比如股票，在市场的调节下，要么挣钱，要么赔钱，风险率高达 50%，但是如果投资者还选择了储蓄和基金等投资工具，在储蓄和基金市场效益良好的情况下，便可以抵消股票投资带来的损失，使你的收益维持在一定的水平。

在投资工具组合中，常用到传统的组合是“投资五分法”，即将资金分为 5 部分，一部分用来存进银行，购买保险，银行的钱可以用来做生活的基本费用；一部分用于投资股票等高风险、高收益的理财工具；一部分用来购买房地产、珠宝、黄金等实物；一部分用来做教育投资；另外一部分是生活的风险资本，即用来救急的钱。

其次是投资比例组合，顾名思义，即指投资者在实际投资时使用不同的投资工具，并在数量、金额上存在着一定的比例关系。

在投资中，选择不同的投资工具也就意味着选择了不同的风险和收益，同时由于投资者对收益的期望和对风险的承受能力不同也影响着投资工具的选择和投资中所占的比例，如风险能力承受较高的年轻人或者青年人，他们一般倾向于高风险、高收益的期货、外汇、房地产等投资为 50%左右，股票、债券等占投资资产的 30%左右，储蓄、保险投资为 20%左右，呈现出一个倒金字塔的结构，当然这些人往往不怕金钱的损失，他们具有较高的风险承受能力。

趋于平稳的人则倾向于储蓄、债券等风险较小的投资工具。他们投资中所占的概率呈现出一个锤形组织结构，首先他们提高了储蓄、保险的投资比例，约占40%，债券投资和股票、基金的投资各约占为20%左右。

另外一类是趋于保守的人，这类人往往收入不高，投资主要应该考虑资金安全和增长点收益，这种投资组合模式呈现出一个金字塔形结构。在其投资中，储蓄、保险所占的比例很重，约为70%，债券投资为20%左右，其他风险投资约占10%左右。储蓄和保险所占的比例保证了其资产的安全，即使其他投资失败了，也不会影响到其基本的生活。

选择好投资工具，剩下的就是要决定好投资中资产所占的比例，这是一个非常重要的问题，如果决定有误，甚至会影响你的生活，如在股票等风险性较高的投资工具上投资过多，万一失败，会影响到生活质量和物质水准，所以一定要做出最科学的投资比例组合。

最后是投资时间的组合，顾名思义，即是指投资者将资金有计划的、分批地进行投资，为了取得自己理想中的收益效果而在投资时间上采取长期、中期、短期相结合的投资时间组合。

另外，很多人都有这样一个经验，从投入资金的时间来看，投入的时间越长，其收益率就越高；但短期也有短期的好处，即投资人变现能力增强，所以在投资中一定要注意选择最好的投资组合，既能保证收益，又能应付突如其来的现金需求。

11

“投资报酬率”：做最划算的投资

当通过存钱等方式获得资本后，我们满怀憧憬地开始进行投资，望着市场上琳琅满目的投资产品，各种名目繁多的投资报酬率看上去真的令人感到很欣喜，可是你真的看得懂吗？从令人眼花缭乱的产品中选出适合自己的投资，并不是一件容易的事情。要学会合理地选择报酬率。

你真的懂投资报酬率吗？

侯志毅对理财理论的认识多亏了一个叫李大友的同事，李大友是业余的理财咨询师，虽说拿的是三级证书，但他对理财的认识还真是挺深刻的，很多同事都从他那里得到过很好的理财建议，侯志毅也是其中一个。每天上班的时候，侯志毅看着电脑屏幕上的股票走势路线图和基金图，在心里偷偷计算着自己的资产涨到多少多少了，心里窃喜。

直到年关将近，侯志毅去银行查询了一下自己的资产，结果却大失所望，与自己设想的资产值相差甚多，他觉得是银行算错了，他要求大堂经理帮他查询了一遍，仍是如此，再查一遍，也是如此。侯志毅有些失望，自己的资产投资报酬率明明很高的，一年后资产却增加得很少，怎么回事呢？

侯志毅想到了李大友。在公司的茶水间，侯志毅碰到了李大友，侯志毅详细述说了自己的困扰，李大友仔细分析了侯志毅说的话，慢慢地，他发现了端倪，原来侯志毅是用分散投资的各种投资工具的报酬率加在一起，再除以投资工具的数目，就是侯志毅得到的投资报酬率。李大友哈哈大笑，爽朗的性格一览无遗。“你真的懂投资报酬率吗?”李大友建议侯志毅好好查查投资报酬率的概念，以免下次再闹这样的笑话。

侯志毅回到家后，打开网页，输入投资报酬率，网页上显示投资报酬率是指通过投资而应返回的价值，亦称投资的获利能力。侯志毅津津有味地看起来，慢慢地经过几个小时的细读和思考，侯志毅终于完全明白了投资报酬率的概念，他对之前自己的莽撞感到羞愧。

在理财中，投资报酬率具有很多作用，它能够反映投资中心的综合赢利能力，并且各个投资组合排列在一起，有利于分辨各种投资组合的优势和劣势，从而做出更好的选择，为自己的理财规划提供判断的依据。与此同时，投资报酬率也可以作为自己是否进行投资的依据，有利于实现资源优化配置。然而，在理财中，我们真的了解和熟悉投资报酬率吗?

当我们通过努力工作或者以其他方式获得了资产，我们就要将手中的资金进行分配，选择不同的投资工具和投资时间，根据不同的投资工具所具有的风险和效益做出最好的选择。

首先要决定的就是将钱放在哪些金融产品上。理财投资组合的方式非常多，如存款、债券、股票、房地产、古董、黄金、期货、外汇等方式，我们可以从中做出适合自己的最好的投资组合，当然我们可以借助投资报酬率来帮助我们判断，以尽量避免财产损失。

理财专家公布的投资报酬率的计算公式如下：

投资报酬率=利润总额投资总额×100%=净收益+利息费用+所得税投资总额×100%

把这条公式稍微变形，通俗易懂化，就变成：投资报酬率=利润总额产品销售收入×产品销售收入投资总额×100%

我们知道，利润总额与产品销售收入之比是销售利润率；产品销售收

入与投资总额之比是投资周转率。所以这条公式可以演变为：投资报酬率=销售利润率×投资周转率。

在所有的投资工具中，股票投资的报酬率和其他投资工具是不一样的，股票的投资报酬率=股票终值-原始投资额+股利收入原始投资额×100%，它是评估股票价格以及进行股票投资时最重要的依据。

其中股票终值指的是股票目前的市价；原始投资额指的是买入股票时投入的现金；股利又称红利，是上市公司按照发行的股票配额给股东的利润，股利是一种按资分配的劳动报酬方式，投资者虽然没有参与公司的生产经营过程但却付出了资金，所以投资者理应享有劳动成果的分配。一般来说，股利主要包括现金股利、股票股利、财产股利、负债股利和清算股利。

事实上，通过投资报酬率的公式，我们可以计算出投资报酬，同时也能与你的理财收益目标相比较，从而做出最正确的判断。

如你在2010年投资2万元于某支股票，2011年卖出，仅收回金额19500元。你觉得自己炒股失败，亏本了，因为损失了500元本金。但在过年的时候，你收到公司邮来的1000元股利，不考虑税金、佣金等，实际上你还获得了500元的利润，因此，从总体上来看，对该股票的投资还是有意义的。根据公式，你可以轻而易举地算出这笔投资的报酬率，即25%。

在股票中，最重要的就是低买高卖，所以很多投资者认为买价决定了投资报酬率的高低，也就是说如果你要买一家公司的股票，你要知道两个数据，即股票的买价是多少？它一年可以挣多少钱？有了这两个数据，你就可以计算投资的报酬率，从而决定这次投资值不值。

在投资中，一般来说投资者要求的回报一般取决于投资的风险有多大，在理财中，投资的风险和其收益是成正比的，即风险越高，收益越大。在风险中，主要包括时间因素和流动性因素。据投资者的经验来说，投资的时间越长，其投资的报酬率就会越高，因为你使用金钱的时间越长，遇到各种不可预见的意外的概率就会越大，所以你期望这种风险能够获得金钱的补偿。

在投资的时候，你还必须考虑到现金的流动性，一般来说，当你的资金投入到某项目里面，在你急需用钱的时候，从项目里把钱抽出来显然是不合情理的，项目甚至可能因为你个人因素而停止。所以在投资的时候，你必须考虑到手头的现金流动性，以免在意外面前无所适从，手忙脚乱。

通过对投资报酬率的了解，我们可以在以后的理财规划中对自己所面临的状况进行理智的分析，从而做出最好的选择，提高收益。

有效提高你的投资回报率

李璐在学校的时候，就已经学会为自己投资，她每月都省下一些钱存到银行里，在她大学毕业的时候，手中的存折就有将近两万元。上班后，李璐更是发扬了储蓄的美德，除了一些必需的刚性支出，李璐尽可能减少消费，虽然很多时候看着外面打扮得花枝招展的女人，心里也很羡慕，但李璐还是压抑着内心的冲动，看着存款单上的数目越来越大，李璐就感觉到未来很美好。

然而，和朋友去逛街的李璐却受到了刺激，原来是鞋子的价格上涨超出了李璐的想象，李璐喜欢的那双鞋子是粉红色的，很好看，在几年前，鞋子需要300元就足够了，可是现在却明码标价1000元，整整涨了3倍多。李璐想起自己银行的那点利息，几年下来也就一两千元，于是她找了借口便回家了。

回到家里，李璐找到了银行的存款单，她决定明天就去把钱取出来，然后像其他女人一样，该买的衣服买，该用的化妆品用，想起自己苦了这么多年，竟是为了这么点儿利息，李璐觉得自己真傻。

在生活中，我们相信还有不少人死死守着银行的那点利息不肯放手，在通货膨胀越来越快的今天，如果还把钱存在银行里，为了一点利息而一

直让自己过着苦日子，那么你真的应该思考一下了，银行的利率跑不过通货膨胀率，钱存在银行里，貌似金钱的数目是增加了，但货币的购买力却下降了。

很显然，如今把钱存在银行里已经不会得到较高的利息，甚至会贬值，所以很多富翁往往都不把钱存在银行里，而是用于投资，他们认为，把重心放在投资上才是建立财富的开始，所以为了以后的财务自由，你必须学会利用手中的资金进行投资。

也许你已经投资了几年，又或许你只是刚走出学校的大门，这并不影响你进行投资、学会理财。投资十多年，到头来你却发现自己的投资回报率并没有提高，资产并没有增加。也许你会问，我明明进行投资了，为什么却没有得到应有的效益？也许原因在于你，如你并没有关注投资回报率，又或者你的投资回报率没有通货膨胀高或者没有跑赢GDP，那么即使你投入再高的资产，花费更多的时间，你也不会成为富人。你想让自己的资产越来越多，就必须让自己的投资回报率超过通货膨胀率和GDP增长率之和。

所以要想获得资产的增值，你必须克服通货膨胀带来的影响，而你所选择的投资工具的投资回报率则必须超过通货膨胀率和GDP增长率两者之和，这样你才能不断地获利，积累财富。

知道自己投资的最低报酬率，接下来就是如何选择一个较好的投资工具进行投资，以便提高自己的投资回报率了。

著名的投资大师巴菲特是热衷于集中投资的。在早年的时候，巴菲特就不像其他年轻人一样拥有各种各样的股票，而是经过自己的考察和比较，选择几家有潜力的大公司，如他早期在可口可乐上的投资，足以说明这点。

人们知道，集中投资和多元化投资理念是相反的。事实上，很多人都近乎偏执地认为分散投资有利于降低投资的风险，这是正确的，然而人们不知道的是，分散投资可能会使你买到并不熟悉的投资工具。与此同时，手上持有的种类过多的投资工具也会大量占用你的精力，你很有可能根本就没时间去打理这些投资工具，这样的话，还怎么能保证投资的收益呢？

当然，集中投资的前提是你对这家公司的规模和发展前景都很了解，对公司未来的发展充满信心。事实上，每一个投资人在进行投资之前，都应该做足准备。如果你只是想试试运气或者对理财并不是很感兴趣，那么还是别进行投资。

当你把资金投入到自己了解的行业中，同时你对投资工具是充满信心的，虽然这种选择让你的股票种类减少了，但却拥有高额的投资回报率，所以巴菲特曾经说过："集中投资意味着高回报。"

在购买股票时，张惠特与刘泽宇的做法是截然相反的，张惠特总是选择那些近年来发展很快的公司的股票，他更是购买了很多创业板股票，然而手头上有几十支股票，张惠特根本没有时间一一去了解，他只是每天登录网页，看看所购买股票的动静。令他非常失望的是，手中的这些股票的收益总是非常可怜，而到了年终决算的时候，投入了几万块的张惠特的总收益更是只有几百元。

而刘泽宇的思想颇受现代投资理论的开路先锋、投资大师菲利普·费雪的影响，他的主要操作手法就是集中投资。刘泽宇只愿意投资少数几支非常了解的股票，而绝不投资那些不了解的股票。即使是自己了解的优秀的股票，他也一样从这些公司中选择其中较好的几家，而不是每家都买。他购买的股票数量一般少于7支，其中将近一半的投资资金全压在最优秀的3到4支股票上，虽然目前看起来收益还很小，但每年的分红还是很可观的。

从二人的案例中，我们可以知道购买不熟悉的股票还不如集中投资自己所了解的股票，因为只有不熟悉才会带来未知的风险，而熟悉的股票，其发展一般都是可以预料的。当然，当今的金融市场，鱼龙混杂，真正优秀的股票数量是很少的，想找到它们，确实需要下一番苦工夫，这样你才能获得较高的投资回报率。

很多富翁的理财之路都是从股票开始的，他们不喜欢银行里的那点利

息或者回报率太低的投资工具，对他们来说，股票是能够让他们资产翻番的最佳投资手段。

如果你也希望拥有足够的金钱，实现财务自由和早日退休的理想，那么你就要把自己的资产从银行里提出来，把钱拿去投资，专注自己熟悉的领域，采用集中的方式进行投资，如果你选择了一个足够好的投资工具，那么你就慢慢地等待自己的财富积累起来吧。你会发现，拥有高的投资回报率，你的理想很快就会实现。

第三章

赚钱有道

投资工具不必多，做对就灵

君子爱财，取之有道。投资者爱财，则选择较好的投资工具。投资工具是多种多样的，所以通往财富殿堂的投资列车的道路也是多种多样的，但聪明的投资者总是善于从繁多的投资工具中选择最恰当也是最快能够到达财富殿堂的那趟投资列车。

12

储蓄:不只是简单地存钱

在我国,老百姓最信任的还是银行,也将把钱存在银行里视作一种美德。可以说,储蓄是老百姓进行理财的最普遍的方式,但是储蓄并不是只有存钱那么简单,要想学会正确地存钱就要对银行和储蓄方式有着基本的了解,知道如何存钱才能挣到利息,知道如何利用网络进行存钱,还有储蓄和存钱的区别。

认识银行和储蓄方式必不可少

当你通过努力地工作或者辛苦地做生意而获得一笔资产,那么你会把它放在哪里呢?很多人会选择存进银行里,但是如果你把置之不用的钱放在活期账户上,肯定不是一个明智之举,为了让你的钱产生更大的价值,你应该对银行和储蓄方式进行深入的了解,你就会明白哪种储蓄方式适合自己。

首先,我们要从国家目前存在的银行种类说起。

中国人民银行是我国的中央银行,基本上不对个人和企业办理银行业务。政策性银行有农业发展银行、进出口银行、国家开发银行,只办理政策性的银行业务。我们这里说的是在平时生活中我们经常打交道的银行,就是面向个人客户办理业务的银行机构的类型。

（1）国有四大银行。中国银行、中国工商银行、中国建设银行和中国农业银行并称国内银行“四巨头”，它们在全国银行中占据较重要的地位，具有雄厚的财力、实力和规模，作为国有银行，其安全性较高，信誉比较好，网点分布较多，范围较广，民众取钱办理业务都很方便。目前我国的个人理财市场的份额大多数都是被国有银行所占据，而且还有不断增加的趋势，但相对于新兴起的商业银行，国有银行则显得业务比较传统，服务质量一般，很多地方都需要改进。

（2）新兴商业银行。商业银行主要有股份制商业银行和地方商业银行两种，如浦发银行、招商银行、华夏银行、民生银行、广东发展银行、浙商银行等以及各城市的商业银行以及信用合作社等机构。相对于实力雄厚、财大业大的国有银行，商业银行一般财力和规模都小于国有银行，而且很多商业银行往往只在本地设有，在外地根本没有设立，其网点单一，服务质量参差不齐，但相对国有银行的保守业务，商业银行具有业务灵活、创新能力强，尤其是股份制银行，为了扩大银行的市场占有率，对管理、服务质量和创新能力等进行了加强，在某些方面已经走在了国有四大银行的前头。

（3）外资银行。主要是国外大银行机构在中国境内设置的分支机构，如花旗银行等。由于中国具有庞大的人口基数，国内的金融市场更是具有非常好的发展前景，然而现有的外资银行的业务范围很小，主要是外币业务，目前各种网点比较单一，分布的地区有限，仅限很多发展较快的、经济较好的城市，对老百姓的影响较小。但外资银行一般具有悠久的历史，实力雄厚、管理经验丰富，有一套成熟的管理系统，规模较大，在对个人理财等方面，外资银行显然更有经验和优势。

了解银行的类型后，我们能够根据自己的需要选择更好的银行为我们服务，走进银行，我们要面对的就是储蓄的种类。了解储蓄的分类，更能使我们在面对选择什么样的储蓄类型进行储蓄时作出正确、可靠的答案，提高自己的理财技能。目前，在银行中，储蓄一般分为定期和活期两种类型。

首先是定期储蓄。定期储蓄是指在存款时约定存储时间，一次或按期分次(在约定存期)存入本金，整笔或分期平均支取本金利息的一种储蓄。按存取方式，定期储蓄分为整存整取定期储蓄、零存整取定期储蓄、存本取息定期储蓄、华侨定期储蓄、整存零取定期储蓄等。在生活中，我们经常用到的有整存整取、零存整取、存本取息3种，而且在储蓄中，存期越长，利率越高，二者成正比关系。

(1)整存整取定期储蓄。整存整取定期储蓄是指在存款时约定时间，本金一次存入，到期一次支取本息的一种储蓄方式。在各银行，这种储蓄方式一般50元起存，不设上限。存期分3个月、6个月、1年、2年、3年和5年6种时间限制。在开户时，由储蓄机构发给存单，到期凭存单支取利息，存期内按存入时同档次定期利率计息，到期未支取，超过存期部分按支取日公布的活期利率计息。

在办理的时候需要携带身份证，存单实行实名制，可以挂失，保障财产安全。如用户急需资金打算提前支取，按活期储蓄存款利率计付利息。提前支取，须凭存单和存款人的身份证明。

(2)零存整取定期储蓄。零存整取定期储蓄是指一种每月按约定数量的款项存储，按约定时间一次提取本息的定期储蓄。这种储蓄方式一般适合工资收入低，每月结余有限或者有计划存一些钱，用来买进行购买高档耐用消费品的家庭，零存整取具有很强的计划性和积累性，能够积少成多，该储蓄品种起存点为5元，须每月进行储蓄，如有漏存，次月应该补上，否则在取款的时候按照活期利率计算利息。目前这个品种支持存期为1年、3年和5年3种时间限制，而且不办理部分提前支取。

(3)存本取息定期储蓄。存本取息定期储蓄是一次存入整笔本金，按月或分数次支取利息，这种储蓄方式适合那些手头有一笔款项，短时间又没有什么较大的支出，靠支取利息来安排日常生活的人士。这个储蓄的品种起存金额为5000元。开户时，可一次性存入本金，并选择确定存款期限以及支取利息的时间和次数。银行签发记名存单作为分次支付利息和归还本金的依据，由用户来决定取款的时间和频率积极决定存期的时间。目前，存款时间有1年、3年和5年3种时间限制。

办理这项业务的时候，要充分注意到一些事项，如该储种不办理部分提前支取，如果你打算提前支取本金，那么已经分期支付的利息银行要全部扣回，然后按实际存款计算应付的利息。

然后是活期储蓄。活期储蓄是指开户时不受约定期限、存取款数目等限制，随时可取、随时可存的一种储蓄。活期储蓄存款主要是来源于人们生活中的用款或者暂时没有用于投资的现金，选择定期的时间太长，只好选择活期的这种方式。活期存款最大的好处是存取方便、灵活、适应性强，非常适合短期的现金投资方式。目前，银行中的活期存款的种类主要有活期存单储蓄和通知存款以及活期支票储蓄3种方式。我们应该了解清楚活期存款的种类，以便我们在日后手头有暂时不用的现金的时候学会用活期储蓄给我们带来收益。

（1）活期存单储蓄。活期存单储蓄是开户时1元起存，不设上限，储蓄机构发给存折，以后可凭存折随时存取的一种储蓄方式，为了保证财产安全，用户可凭电脑预留密码支取。目前一般公司发放的工资卡，都是将员工的工资转入活期存折储蓄。

（2）通知存款。通知存款是一种不约定存期、支取时需提前通知银行、约定支取日期和金额方能支取的存款方式。开户时，个人需要存入最低5万元人民币，单位起存则最低50万元人民币，由储蓄机构发给存折，在支取的时候，个人最低支取5万元，单位最低支取10万元，外币起存最低额为1000美元等值外币。目前，银行通知存款的种类有两种，即一天通知存款和7天通知存款，是按存款人提前通知的期限长短划分的。如一天通知存款就必须提前一天通知银行要提取的资金数目，而7天通知存款则必须提前7天通知，否则银行可能不予办理。

(3)活期支票储蓄。活期支票储蓄是活期储蓄的一种，是以个人信用为保证的活期储蓄。个人在开户的时候，可以由单位出具证明向银行申请，经银行审查信用同意后发给储户活期支票证明卡、活期支票簿和现金存款单。目前，这项业务只在少数大城市能够办理，500 元起存，上不设顶，支票有效期一般不超过 3 天至 5 天。客户在买卖商品、支付劳务费或者医药费等可以通过支票办理。

最后，在定期储蓄和活期储蓄之外还有一些其他的特殊储蓄类型，主要有定活两便储蓄和教育储蓄等。

(1)定活两便储蓄。定活两便储蓄是一种事先不约定存期，一次性存入、一次性支取的储蓄存款。这种储蓄方式适合资金有较大额度结余，但在不久的将来就会使用这笔资金，因而采取定活两便的储蓄，开户时需要携带身份证，客户可以随时取款，自由灵活地调动资金，这种存款既有活期的灵活性，又有接近定期存款利率的优惠。

该储蓄的利息计算方法为：存期在 3 个月以上的，按同档次整存整取定期存款利率的 6 折计算：存期在 1 年以上，整个存期一律按支取日定期整存整取 1 年期存款利率打 6 折计息，低于最低档次的则按照活期存款利率进行计算，其计算公式为本金×存期×利率×60%。

(2)教育储蓄。目前各种形式的存款都要收取 5%的利息税，教育储蓄则是个例外。教育储蓄是指个人(学生)按照国家有关教育储蓄的规定在银行开户、存入规定内的金额，用于教育目的的专项储蓄，是一种专门为学生支付非义务教育所需教育金的专项储蓄。

如果你现在家里有子女正在接受义务教育，你就要考虑孩子将来的学费了，大学、研究生、出国留学，或者其他非义务教育等都需要大额的资金，这时你就可以考虑把教育储蓄方式作为储蓄存款形式。教育储蓄具有税务优惠、积少成多等特点，是一种很好的教育投资方式。

但是教育投资也有其限制，如目前最高的存款金额为两万元，存期主要分为1年、3年和5年3个档次，最多只能享受3次免税政策，即高中和中专生享受一次，大专和大学本科享受一次，硕士和博士研究生享受一次，这样一来，就会获得额外的利息收入。

这是我国目前银行和储蓄方式种类，通过对它们的了解和掌握，我们在以后的投资中也就有了明确的方向，当我们手头有了一笔暂时不用的资产，我们就会明白哪种储蓄方式以及哪种银行的服务最适合自己，从而做出最好的选择。

只有存对钱，才能赚到钱

冯楠和刘菲菲是来到北京这个城市才认识的，两人都是做设计工作，彼此间的公司离得不远，二人索性就在郊区合租了一套两室一厅的房子。两人一起上下班、吃饭，日子过得很是惬意。

冯楠是从小县城过来的女子，性格要强，刚开始工作时，她就把自己收入的2/3全都存为定期，每天算着到期后可以收获多少的利息，冯楠的心里就充满了甜蜜。然而和刘菲菲在一起，她慢慢地发现，刘菲菲每个月都收到银行的账单，虽然金额很小，但已够一个女子生活所用，冯楠很好奇。

于是，在一个周末，冯楠打破了沉默，刘菲菲说："那是我3年的存款期限到了，我是采用阶梯存钱法和月月存钱法进行理财的，现在到未来的3年内，我每个月都会收到这样的一笔账单，是作为生活费用的，然后如果还有剩余，我就会把它和本月的工资存在一起，存款期限为3年，目前我正在往5年这个目标发展。"

冯楠貌似不太明白，但作为一个大学生毕业生，冯楠还是具有很强的学习能力，回到自己的房间后，她立即打开电脑搜索阶梯存钱法和月月存钱法，网上讲述得很详细，案例也很翔实，很快冯楠就掌握了这两种理财方

式，并且还学会了其他的理财方式。

虽然随着时代的发展，理财的观念在国内很多地方都普及了，然而目前，储蓄依然是大多数人理财的主要方式。随着银行服务的完善和理财产品的增多，储蓄理财已经慢慢演变为一个专业的领域，只要你能掌握其中的窍门，你就能像那些理财家一样，让存在银行里的钱最大限度地实现生息的好工具。只有存对钱，才能赚到钱。有的时候，你完全可以不用上班，坐等钱轻松流入你的账户。

目前，在理财专家的建议中，有几种很好的理财方式，是值得我们大家学习的，下面就来介绍下这几种理财方式。

1.阶梯存钱法

阶梯存钱法是指将资金分成若干份，设定不同存期的方法进行储蓄。这种存款期限最好是逐年递增的，这样的话在每一年都可以收到固定的利息。

阶梯存钱法的使用是这样的：假定你准备储蓄 5000 元，你现在就可以把它分为 5 份，分别开设 1 年期存单、2 年期存单、3 年期存单、4 年期存单、5 年期存单，这样的话，一年期的那个账单到期后，就可以再去开设一个新的 5 年期限的存单，用不了几年，这样每次的存款年限都是 5 年，但每年都可以收取到利息。

所以，这样的储蓄方法既可以跟上利率的调整，又可以获取 5 年存款的高利息，何乐而不为呢？

2.月月储蓄法

月月储蓄法和阶梯存钱法的本质是一样，属于换汤不换药类。月月储蓄法能够很好地聚集资金，提高了储蓄的灵活性，即使在生活中急需用钱，也不会承担太大的利息损失。

每月发了工资后，都要记得从工资中抽取 10%到 15%的工资额做一个定期存款单，在每一个月都把定期存款设为 1 年，这样的话，一年下来就会有 12 张 1 年期的定期存款单。而且从第二年开始，每月都会有一张存单到期，如果不急着用钱，就可以试着把存款的金额扩大，每到一个月就把当月要存的钱添加到里面去，重做一张存款单。

如果急需用钱的话，则可以把存的时间最短的那张账单拿来提取现金，也不会有太大的利息损失。这种储蓄法的好处就在于，从第二年起，每个月你都能收到一笔账单供你用，而且和你第二年要存的钱放在一起，就像滚雪球一样越来越大，这种方式很灵活又能够享受存款利息，是将阶梯存钱法细化了。当然你也可以尝试36存单法、60存单法，原理与12存单法完全相同，只不过是存款的期限变成了3年和5年。这样做的话，你可以获取更多的利息。

3.利滚利存款法

要想获得良好的利息收益，采用定期储蓄和零存整取储蓄相结合使用，产生“利滚利”的效果，这就是利滚利存款法。通过一个小例子你可以很快明白其具体的操作方法。假设你现在有一笔1万元的存款，你可以采用存本取息的方法把这笔钱存起来，在一个月后取出其利息，然后再开一个零存整取的账户，以后每月把存本取息账户中获得的利息取出并存入零存整取的账户，这样做的好处就是能获得二次利息，产生利滚利的效果。长期坚持下来，必会获得良好的收益。

早先的时候，吕广富有两个活期账户：一个是工资账户，另一个是车贷账户。每次通过家教或者写文章挣来的钱，吕广富都会将其存在车贷账户里。自从从同事阿军口里得知利滚利的优势后，他心动了，经过一番思索，他把工资账户改为了“利添利”账户，把车贷还款账户作为协议账户。

吕广富在银行工作人员的帮助下，将工资账户的申购余额设置为3000元，赎回余额设置为1500元，当工资账户的余额高于设置的3000元时，多出金额将在第二日申购吕广富购买的基金；当工资账户的余额低于1500元时，则会从基金中收回资金，将工作账户的余额补到3000元；对车贷的还款账户设定2000元为最低保留余额，当车贷资金超过2000元时，则多余的部

分就会自动转入工资账户。这种利滚利账户不仅为吕广富带来了可观的收益,而且还为他节省了大量的时间和精力。

从上文中我们可以知道利滚利存钱法是非常好的存款方式,只要你长期坚持下来,必会获得良好的收益。

4.约定转存法

每次发了工资后,除去各种开销,我们每月的工资剩余是不是都放在银行卡里,以活期利息储蓄起来?也许具有理财意识的人会在金额累积到一定数额的时候,会去银行办理一张定期存款单,目前很多银行都推出了自动约定转存的服务,也就是活期定期之间可以来回转换,即活期的钱达到一定数目就可以自动转换为定期存款,这样的话,你就避免了来回跑银行的麻烦。

假如你的月收入是6000元,扣除月开销2000元,实际存在银行的数额为4000元。如果以活期0.5%的利率结算,你一年后所得的利息为19.94元;但如果存一年定期,按年利率结算,一年后所得利息为140元。仅以一个月工资计算,你就多了100多元的收益,所以你可以在有时间的时候去银行办理自动转存的业务,如扣除每月两千元的生活费,当你卡上的余额大于100元时,便会自动转为定期存款,而且存款的期限为1年。这样的话,1年后,你每个月就会收到100多元的利息,如果不急着用钱,你则把它存在下月的定期账户里,慢慢地,你手中的资产就会越来越多。

为了更好地服务客户,目前大多数银行已经开通电话银行和网上银行服务,当你开通电话服务和网上银行服务时,你就不需要每次都去银行,只要打个电话或者在网上进行操作就能完成活期定期自动转存。

从现在开始,学着去理财吧,试着去理解目前存在银行的种类和储蓄方式的种类,学会正确地去存钱,你才会慢慢发现自己的资产在逐渐增加。

储蓄中的“小算计”

虽然如今各种理财方案满天飞，但将钱放在银行里储蓄起来仍是很多百姓的做法。利息少了点，但是能够规避风险，所以百姓为了现金的稳定和安全，就选择了储蓄。于是日常生活中，我们与银行打交道的次数也就多了起来。

但在储蓄的过程中，我们往往忽略了一些细节而造成利息损失。为了保护这些本可以避免的利息损失，我们必须学会一些储蓄中的“小算计”，这对每个人的理财规划来说必不可少。通过对银行的规定和储蓄方式的了解，我们就能够找出如何避免利息损失，实现收益的最大化。

1.开个活期账户，减少手中的现款

在生活中，我们通常要留出一个月到3个月的生活费在家里，有些人把钱就直接放在家里，既不安全又白白损失了利息，如果开一个活期账户，把每月的生活费存在里面，到用的时候去取，这样的话就可以在平时获些利息，一年下来，也会有笔小额的利息收入。而且，把钱放在银行里还可以避免你的消费欲望，又能够保证财产的安全。

2.阶梯存钱法和“月月存储”结合

阶梯存钱法主要是用来针对金额较大的存单，我们可以将其分为5份，存期分为1年、2年、3年、4年、5年，这样的话从第二年开始每一年都能收到账单。慢慢地在存款期限上，将年存款变为逐月累计存款，可以采用保守的12张账单法。这种理财方法能够很快地适应利率的波动，可以通过及时调整，实现存款利息最大化。同时月月存蓄法也可以避免你的利息损失。

3.到期及时转存

目前，在银行的储蓄中有这样的条例规定：存款到期后将会转为活期

存蓄，而一些国库券、企业债券等到期后则开始不计算利息，所以你应该对自己的每笔存单以及其到期日期很清楚，在期限到时及时转存，避免利息损失。

4.提前支取有学问

在银行中，有些业务是不允许提前支取的；有些是可以部分提前支取，但一般来说，提前支取哪怕只差一天，也是按照活期利率计算利息，所以为了避免损失，你应该选择较好的提前支取方式。

部分提前支取是一个不错的解决办法。假设你有一张两万元的存款单，但你现在急需用 1 万元，这时你可以去银行办理提前支取。剩下的 1 万元，银行的工作人员会给你开一张新的存单，起息日和利率都照旧，只是金额变成了 1 万元。

如果存单没有到期，你还可以用存单做抵押去银行贷款，但建议你仔细考虑或者计算清楚，因为贷款的利息比存款的利息要高很多。

金融服务日趋多元化，我们也要及时了解金融新知识，以便采用正确的方式来处理自己的事务，最大限度地避免利息损失。

5.办理“预约转存”业务

预约转存是指客户与银行之间约好的达到某种条件就会自动转存的一种储蓄方式，并且不受次数限制，利率按照最初存单时的利率计算，避免因客户遗忘而带来的利息损失。

近年来，各家银行开办的“定期存款约定到期自动转存”业务，指客户的存款到期后，客户不前往银行办理转存业务，银行可自动将到期的存款本息一起转存，就可有效地避免这一利息损失。这样的业务很好办理，只需要当初在填写存款凭条的时候将单子上的“到期是否自动转存”栏，在“是”前画个勾就行了。

6.活期存款及时结清计息，及时转存定期

活期存款的计息是每年一次，如果你的活期账户中拥有一笔大额的存款，那么你就该注意了，因为无论时间长短还是利率的高低，活期储蓄明显都没有优势。如果这笔钱不急着用，你就应该及时结清存款，将本息转存为定期，这样的话就能获得比活期多几倍的利息。

有的人怕麻烦或者因为遗忘，而导致活期存款不能及时地转为定存，定期存款到期后不及时进行转存，都会带来利息的损失，白白损失金钱。所以对自己的账单一定要做到心里有数，并且做好及时转存的准备。

7.通知存款

通知存款如果事先没有跟银行打招呼，提前支取是要按照调息后的新利率档次60%计算利息，所以通知存款一定要事先打好招呼，如果通知存款长期置之不用，那么便可以考虑将其转为定存，因此避免利息损失。

在日常生活中和银行打交道的过程中，一定要注意一些细节，尤其是和利息有关的细节，事无巨细，才能源远流长，避免利息损失，从而使你的资产不断地增加。

不登银行门，照样享受优质服务

同是天涯沦落人，相逢何必曾相识。孟祥丽和杨小青就是在这座繁华的城市一家房屋中介中认识的，当时二人都刚来北京找房，工作很快就安排下来。

孟祥丽的工作是设计，杨小青的工作则是策划，两人几乎每天都加班，忙至深夜。几个月后，孟祥丽甚至有些抱怨忙得连去趟银行的时间都没有，几月下来，自己手头上算是有了点积蓄，孟祥丽想，杨小青也是如此吧，但我怎么没见过她发愁过？

这天吃晚饭的时候，孟祥丽试着抱怨下平时工作忙，没时间去银行，杨

小青听了之后说:“阿丽,你 Out 了。”孟祥丽一脸的不解,杨小青说:“现在银行开办了很多新的业务,如网上银行、电话业务等,不登银行门,照样享受优质服务。”接下来,杨小青详细地向孟祥丽解释,听得孟祥丽目瞪口呆:银行竟然还有那么多业务是自己所不熟悉的,可不是Out了吗!

随着时代的发展和城市化进程的加快,人们的生活节奏越来越快,工作压力越来越大,加班加点地工作,为了能够拥有更多的时间,人们只得想办法提高生活效率,工作一天下来,常常弄得自己精疲力竭。

即使如此努力地在工作,却出现了大量的“穷忙族”,辛辛苦苦工作一个月,到月底发现手中可用的资金不多,只好又投入到繁忙的工作中。“穷忙族”之所成为“穷忙族”,是因为他们没有树立正确的理财观念,而导致他们越来越忙。也许你会借口工作忙,没时间去银行进行存款、购买理财产品等理财行为,但你可以利用近几年来银行新开展的业务,让你不登银行门,照样享受优质服务。

近几年来,银行进行了大量的服务创新,如电话银行、网上银行等新型的服务方式就是近几年才兴起的,这样就避免了在银行排队等半天的局面,为人们节省了大量的时间, 所以你应该多学习和了解这些新型的服务方式,这些服务能够为你节省下宝贵的时间和精力。

目前,不登银行门,照样享受优质服务的途径有下面几种方式:

1.利用好网上银行

随着经济的发展,带来了网络市场的繁荣和金融电子服务水平的提高,目前,在我国,很多银行都开通了网上银行业务,其中个人网上银行中的个人理财和个人汇款及收款等业务更是得到了人们的肯定。通过网上银行可以轻松地进行转账和汇款,甚至还可以在网上购买东西,而且使用网上银行还具有一定的优惠,网上购物便是在网上银行后蓬勃发展起来的。

现在办理网上银行开通业务的手续非常简单,只需要携带本人身份证和需要开通网上银行的银行卡到附近的银行网点去办理，首先填写申请表，然后在工作人员帮助下选择需要开通的网上业务，回到家后登录网上银行激活便可以开始你的网上银行之旅了。

开通网上银行往往还具有很多优惠，如本地账户资金转账不收取任何费用，在网上进行购物甚至可以享受到一定的优惠，所以，如果你觉得自己忙，没有时间去银行，那么就选择这种便捷的服务吧。

2.利用好电话银行

目前，为了更好地服务客户，各家银行都相继开展了24小时电话银行服务，如工行95588、中行95566、招商银行95555等服务电话，通过电话，你可以解决一些你没有时间去解决的问题。

申请电话银行和开通网上银行的手续差不多，即持本人有效身份证件和需要开通电话服务的银行卡，然后在网点填写《电话银行开户申请表》，你可以根据自己的需要在单子上选择业务，如查询活期账户、信用卡等账户余额和历史交易明细、进行资金划转和银证转账、自助缴纳手机费、寻呼费、电费等多种费用等业务，从而节省更多的时间和精力去陪伴家人和工作。

3.利用好自动柜员机

每天在银行里办理各种业务的客户很多，往往一笔简单的交易下来，就需要浪费半天的时间，为了缓解排队的紧张等问题，一般银行都会在银行外设立很多自动柜员机，这种自动柜员机除了能办理查询和取款业务以外，一般还设有转账和办理定期存款等业务。

如果你要转账给他人，只需要知道对方的账号和姓名，在自动柜员机操作画面，从功能栏处选择“转账“然后输入对方账号，确认后即可完成转账交易。同时，在超市或者商场购物的时候，也可以利用POS进行刷卡消费，避免了携带金钱的风险和找零钱的麻烦。

4.利用好银证通

尽管目前金融市场不景气，但仍然还是有很多人热衷于炒股票和证

券，在银行的业务中也有一种专门为炒股的客户服务的业务——银证通。银证通，顾名思义，是指在银行与券商在联网的基础上，投资者直接在各银行网点开立的活期储蓄账户与证券保证金账户合二为一，通过银行的委托服务或者券商的委托服务所形成的一种新型的金融服务业务。其中银行主要负责资金的管理和划拨，券商则对投资者的股票进行交割和清算。

在银行网点办理银证通的开户手续时，你就可以在网上进行股票的买卖和投资证券等，并且可以查询股票的行情、成交情况、资产金额等，目前，很多证券公司对银证通的客户还有一定的佣金折让优惠，既享受了优质便捷的服务，又有优惠可以拿，你还在犹豫吗?抓紧时间办理银证通吧。

5.授权自动转账

目前随着经济的发展和生活节奏的加快，人们能够拥有的私人时间很少，而且这些私人时间还要浪费在去办理电话、网络、手机、物业管理等缴费业务，在办理业务的时候，有时还需要排队，好不容易拥有的私人时间就这样被消耗掉了，让你觉得心痛不已。

随着金融服务的日趋完善以及为了更好地与时俱进，服务于客户，如今很多银行都开通了网上服务等业务，为了避免由这些烦琐的各种缴费而浪费时间，银行还推出了自动转账业务，办理授权自动转账业务就可以让你足不出户，轻松搞定各种烦人的缴费。

授权自动转账是指客户授权银行，将个人账户中的款项在约定的时间内自动划转到指定账户，具有周期性的特点，实际上也是一种代扣、代缴性质的银行业务。目前银行开办的自动转账的业务有固定周期型、余额补足型和起点触发型3种。

随着时间的流逝，银行开办的自动转账的业务种类是越来越丰富，几乎囊括你生活的各个方面。如前面提到电话、手机、网络、物业管理等缴费都可以通过自动转账来实现。另外还有个人信贷分期还款、向保险公司缴纳保费及交养老保险费等。

在银行网点开通自动转账业务时，需要提供授权转账的手机交费号码、物业管理交费账号等，然后在银行工作人员的指导下签一份合同，这样，在以后的每个月固定时期，银行便会自动地为你缴纳各种费用，当然，前提是签约自动转账的银行必须有充足的金额。

了解到上面银行的各种业务后，你还在抱怨工作忙或者应酬忙没时间去银行办理业务吗？银行这些便捷的业务可以让你足不出户就办理各项生活中的缴费琐事。根据自己的需要抓紧时间去银行办理业务吧，这样，在每天忙碌的工作后，在家里轻轻点动鼠标，你的交易就会完成，不登银行门，照样享受银行的优质服务。

当心，储蓄也有风险

在一次单位出差中，张先生的一张活期储蓄存折和身份证在出差的火车上被人偷窃了，他是下车后才发现的，张先生很着急，赶紧打电话给家人到银行挂失，因为张先生的身份证丢失，挂失需要费点儿时间。

而张先生补好卡之后，却发现卡里面的10万元已经被盗贼取走了，张先生去银行查询了取款的时间，却是在张先生正在挂失的时间内分多次取走的。这笔钱原本是打算做买车的首付的，张小生无奈之下只好报了警，但估计抓到盗贼，钱也被花得差不多了。由于存折保管不善，密码泄露，张先生付出了沉重的代价。张先生叹息地说："储蓄也并不一定可以保证安全啊。"

在中国老百姓的印象里，把钱存在银行里是安全的且具有收益稳定等优势。然而，2005年，我国有儿家银行开始改制为股份制银行，这样的话，客户就要与银行一起承担经营亏损甚至是破产的危机，钱存在银行里并不像原先那样可靠了，与其他的投资方式一样，储蓄同样存在风险。

但目前存在的状况却是，百姓对银行的类型漠不关心或者对储蓄的风险抑或是知之甚少。百姓把钱放在银行里是为了保值和收益的，对于一般的百姓来说，一旦储蓄出现破财，可能会影响到其生活质量和物质水平，所以百姓也要注意储蓄带来的风险，储蓄的安全一般分为存款就是本金的安全；二是收益即利息的安全，避免利息的损失。

存款凭证不慎遗失或失窃，或者账户被盗用，或者选择了信用不好的金融机构都有可能威胁到你的存款安全。收益安全主要是指利息不能达到预期的收益或者由于通货膨胀而引起的本金贬值。存款本金的损失主要是在通货膨胀严重的情况下，如存款利率低于通货膨胀率，存款的本金就会发生损失。

从上面的案例中我们知道，其实储蓄也是存在风险的。人们之所以缺乏存款的风险意识，这与我国的金融市场的稳定是分不开的，在现实生活中，人们遇到储蓄带来的风险是很少见的，但是如今金融市场瞬息万变，为了保障你的收益和财产安全，所以你必须做些工作来防范储蓄带来的风险。

首先要选择一家信誉良好的银行。目前，我国的银行体系由以下部分构成：中央银行、政策性银行、国有商业银行、全国性股份制商业银行、城市商业银行和城乡合作信用社。银行也是一个企业，其经营也是有起伏的，所以投资者必须及时关注主要存款银行的运营状况，如资产质量、经营效益、资产的流动性及安全性、资本金充足率等硬性指标，对其风险定期予以评价，这样才能防患于未然，更好地防范储蓄的风险，从而不影响投资者的生活。

然后是不要贪图高利息。目前在我国，各家银行的利率是一致的，正规的金融机构是不会高息揽存的。关于这一点，我国的《商业银行法》中有明确的规定：任何单位和个人不得从事吸收公众存款等商业银行活动。

毫无疑问，高利率对百姓来说有着极大的诱惑力，尤其在日渐浮躁的当今社会，一些高利率存款机构利用了民众的求富心理，很容易就会让人受骗。在我国，任何高利率存款机构都存在不稳定的因素，所以，储蓄原本就是为了求稳，不可为了高利率的诱惑就轻信谣言，导致资产损失。

其次是保证存款的安全。首先要选择正规的金融机构，国有的四大银行或者股份银行、商业银行，或者信用社机构都是不错的选择。选择金融机构只是防范风险的第一步，当你开始进行储蓄，仍要处处小心，加强防范，至少要注意到下面提到的问题。

(1)填写存款凭条时要注意。在银行存款的时候，我们往往会在他人的视线范围内填写账户、姓名、地址等信息，甚至我们还会把填错的或者作废的存款凭条随手丢弃，在别有用心的人眼里，这些习惯会暴露我们的隐私，他们会根据看到的内容或者在这些丢弃的凭条中寻找线索去假挂失，从而冒领存款。

(2)注意账户安全。现在，为银行卡加注密码已经成了一道最坚实的、最不容易破解的一条阻碍，从而避免他人盗取银行卡时导致资产损失，许多人在选择密码时却不能很好地选择密码，有的人喜欢用自己的生日和简单的吉利的号码作为密码，其生日通过身份证、户口簿、履历表等就可以被他人知晓，吉利号码无非就是666、888之类的，用这些作为密码往往不具有较高的安全性。

所以在选择密码的时候，就要选择自己很容易想起但又和自己生活无关的数字，家里的电话号码或者手机号码就不要作为密码了，这些号码很容易被人得知，或者你可以随机选取几个数字组成密码，这样的安全性要高很多。

在使用网上银行的时候，一定要注意账户安全，尤其要安装银行要求的软件和杀毒工具，在网上购物或者转账尽量使用自家电脑，并且在交易结束后立即关闭网页，并注意维护网络的安全，养成良好的使用电脑的习惯。

(3)存单到手后要注意。在银行办理了存款业务后，存单便是唯一能够帮你维权的凭证，证明你确实存了钱，所以存单打印得是否清楚、金额是否正确以及有没有出现什么纰漏，如印章是否齐全、姓名正不正确对存款人

凭单取款时有着重要的作用。另外还要注意，平时妥善保管好存单，在取款的时候凭单可是重要的依据，万一自己的存单被盗或丢失，一定要带着自己的身份证和有关资料到附近的银行网点办理挂失，时间越短，自己遭遇损失的可能性就越小，从而避免自己的财产损失。

(4)平时不要把能代表你身份的身份证或者户口簿和你的银行卡、存单放在一起，因为一些别有用心的人捡到你的银行卡和身份证，会从上面猜测你的银行卡密码，给你带来不必要的财产损失，而且还容易通过身份证来套取你的存款密码，同时丢失身份证，你去办理挂失业务会浪费更多的时间，所以在你的钱包里放卡而不放身份证或者放身份证而不放银行卡，这样就能大大降低你的资产被盗窃的可能性。

最后是要确保收益的安全。

(1)在进行储蓄的时候，选择适当的储蓄种类和储蓄期限是非常重要的，因为不同的储蓄种类和储蓄期限都是和利息息息相关的，选择不同的储蓄种类和期限，其利率自然是不相同的，为了避免生活中出现意外的状况而导致急需用钱，你可以试着用阶梯存钱法和月月存单法来获取高额利息，同时又能避免因为急需用钱而带来较大的利息损失。

(2)办理部分提前支取。天有不测风云，人有旦夕祸福，生活中，我们往往会遇到各种各样的意外，短时间内我们会很需要钱，但往往手头的钱不足，又不好意思张口向别人借，别无选择，我们就只好把存了一段时间的定期储蓄存款作提前支取，使定期储蓄存款全部按活期储蓄利率计算利息，造成了不必要的利息损失，这时我们可以考虑自己需要用的存款，如果只是占定期储蓄存款额的很小一部分，即可采取部分提取存款的方法，以减少利息损失。

(3)办理存单质押贷款。在遇到意外急需用钱的时候，你可以用自己的存单作抵押贷款，但不得超过存单总额的 80%，而且，银行的贷款利率很高，一旦存单到期就抓紧时间把贷款还了，以避免贷款的利息越来越多，使你的资产遭受损失。

所以，世上并没有万全的理财方法，即使是民众认为最安全、最稳妥的银行储蓄也会或者说可能出现破财，以及甚至出现负利率的情况，我们一定要掌握好理财的各个方面，在平时多注意细节，多观察、多思考最适合自己的理财方式，这样我们才能实现储蓄赢利，我们的资产才会慢慢地增加。

13

外汇：外国人的钱怎么赚

随着经济的发展，很多人开始投资外汇。但也有一些投资者觉得外汇神秘莫测，徘徊在外汇市场门口犹豫不决。其实这是件很简单的事情，只要你肯花些时间对外汇进行了解和掌握，那么在不久后的将来，你就是一位成功的外汇投资者。

认识外汇和汇率

还没有开始高考，刘明威一家就已经陷入到一片繁忙之中，无论孩子高考成绩好与否，刘家都打算让孩子出国留学，因为他们觉得国外的教育确实要比国内优秀得多了。刘家父母整天忙着签到、联系中介，为孩子办理出国的事宜。每天早出晚归，比上班还要忙。

这天，刘母从外面回来，带来一沓纸币，放在桌子上，让刘明威过来看看，刘明威看不懂纸币上的外国文字，就问："妈，这是美币吧。你弄这么多美币干什么？"

"干什么？"刘母说，"还不是为了你，怕你到美国后卡里取不出钱了，你从小又没吃过苦，没钱可怎么活啊，我好不容易缠着银行的工作人员，才给我置换了这么点外币，这些你以后就直接带过去。"刘明威诺诺地答应了。

随着经济的发展和城市化进程的加快，越来越多的人开始与外币打起了交道，如出国留学、旅游等，目前来我国旅游或者定居的外国人越来越多，很多国际有名的公司在中国开设工厂、办事处，甚至还成立了外国银行。正是各国开放各自的国内市场，才有了外币间的流动，也就有了外汇和汇率的说法。

外汇就是外国货币或以外国货币表示的能用于国际结算的支付手段，包括外国货币（纸币、铸币）；外币支付凭证（票据、银行存款凭证、邮政储蓄凭证等）；外币有价证券（政府公债、国库券、公司债券、股票等）；还有外币存款等。

外汇是在各国之间交易中产生的，在实践中不断完善，才形成了如今的外汇体系。外汇交易是国际间结算债权债务关系的工具，而且随着国际经济贸易的逐渐发展，各国之间的产品交易和文化交易越来越频繁，外汇开始发生了重大的变化，由原先的国际贸易中的交易工具变为了国际上最重要的金融商品。各国之间的货币制度不同，彼此间的购买力是不能相同的，外汇便承担了这样的功能——类似黄金的功能。

外汇的概念具有双重含义，即有动态和静态之分。而静态又有狭义的外汇概念和广义的外汇概念。

动态意义上的外汇，是指货币在各国之间根据汇率来回流动，把一个国家的货币转换为另一个国家的来清偿国际间债权、债务关系的行为，它是国际间汇兑的简称。

广义的静态外汇是指一国拥有的一切用外币表示的资产。中国以及其他各国的外汇管理法令中一般沿用这一概念，如刚提到的外国货币、外国支付凭证、外币有价证券等都是其表现形式。

狭义的静态外汇是指以外国货币表示的，为各国普遍接受的，可用于国际间债权债务结算的各种支付手段，所以作为狭义的静态外汇是有要求的，可支付性、可获得性、可换性等，也就是说，只有存放国外的外币资金以及将对银行存款的索取权具体化了的外币票据才构成外汇，包括支票、银

行汇票、银行存款等。

提到外汇就不能不想到汇率。汇率,又称汇价、外汇行市,是一国货币兑换另一国货币的比率,是以一种货币表示另一种货币的价格。

目前在金融市场上,外汇是以 5 位数来显示的,假设价值 100 元人民币的商品,如果人民币兑美元的汇率为 0.1523,则这件商品在美国的标价就是 15.23 美元。如果人民币对美元的汇率降到 0.1429, 也就是说美元升值,人民币贬值,用更少的美元可买到此商品,这件商品在美国的价格就是 14.29 美元。反之,如果人民币对美元的汇率升到 0.1667,也就是说美元贬值,人民币升值,则这件商品在美国市场上的价格就是 16.67 美元,此商品的美元价格变贵。

在国际上,常常用 3 个英文字母来表示货币的名称,如 RMB 等,这是国际间不成文的规定。

在国际贸易中,汇率的标价方式有直接标价法和间接标价法,其中直接标价法又叫应付标价法,是指用一定单位的外国货币为标准来计算应该付出多少本国货币,其实质就是等价交换,即用汇率来计算购买一定的外国货币需要多少本币,然后以外币去购买外国商品,所以被称作应付标价法。目前在金融市场上的汇率一般是与美元进行挂钩的,如 120.36 日元则表示 1 美元可以置换 120.36 日元。

在金融市场的调解下,汇率是不稳定的,总是在平均汇率上下波动,但起伏较小。如果在进行商贸交易时,若购买一定单位的外币需要的本币减少,则说明在这段时间内,本币增值或者外币币值下降,叫做外汇汇率下降。如果在交易中,购买一定单位的外币需要的本币增加,则表明外国货币增值或者本币币值下降,叫做外汇汇率上升。

在贸易中,商人常常以实际汇率来做标准,以免引起不必要的贸易摩擦。

间接标价法又称应收标价法,它是以一定单位的本国货币来计算应收的若干单位的外国货币,如在国际金融市场上,英镑、澳元和欧元等均为间接标价法，如澳元 1.2356 即 1 澳元兑换 1.2356 美元。

在间接标价法中，是以本国货币为基准的，即外国货币的数额随着本国货币的增值或者贬值的浮动而浮动，如果一定数额的本币能兑换的外币数额少了很多，这表明外币币值上升或本币币值下降，叫做外汇汇率上升；反之，如果一定数额的本币能兑换的外币数额多了许多，则说明外币币值下降或本币币值上升，称为外汇汇率下跌。

目前在国际中经常用到的分析汇率的方法主要有基础分析和技术分析。基础分析是对影响外汇汇率的基本因素进行分析，包括各国经济发展水平与状况，如经济增长率、财政赤字、市场预期等。技术分析是指借助科学的方法并通过对以往汇率的研究来预测在将来一段时间之内的汇率的波动趋势。

通过上面的讲解，我们已经知道了外汇和汇率的含义以及影响它们的因素，通过对外汇知识的掌握和理解，我们则可以试着学习投资外汇，挣外国人的钱。

投资外汇，没你想的那么难

布鲁士的郭富拿是外汇操盘手的偶像和传奇，从 1987 年，郭富拿开始进入外汇交易市场，十多年过去了，郭富拿为他自己和忠实的粉丝赢得了超过 3 亿美元的收入。也就是说在过去的十多年内，郭富拿的投资基金每年平均增值 87%，假设 1987 年，你投入郭富拿的投资基金为两千美元，按照复利，利滚利，10 年后你将拥有 100 万美元的身家。

如今随着经济的发展和全球经济一体化的趋势，人与人之间的联系日益紧密，尤其是国际间贸易的增加，很多人脑中兴起了外汇投资的想法，但又觉得外汇过于专业和神秘，投资外汇的人看起来都是一些很厉害的人。

其实和其他投资一样，外汇投资并没有那么多的要求和限制，想要投资外汇真的很简单，下面我们就详细地学习如何投资外汇。

投资外汇之前，让我们先热热身，先考虑下面的几个问题。

(1)你的心理承受能力好吗?和股票一样，外汇市场也是一个波动较大的高风险市场，你必须拥有良好的心态，同时也要在“戒贪、戒躁、戒盲从”的指导下进行投资，和股票一样，外汇投资也是需要耐心的。

(2)明确入市资金的用途。外汇投资最好要用那些闲置的金钱，这样才能“进退自如”。人们进行外汇投资多半是为了将来出国旅游或者为子女准备出国留学的费用，或者是单纯地想挣钱，所以入市之前要考虑好资产承受能力，以免出现意外的情况。

(3)汇市有风险，投资需谨慎。在入市之前首先要在心里设定一个能承受的资产亏损额度，亏损额一到，坚决全线退出，经过一段时间的调整后再重新入市。在汇市中，最怕的就是贪婪和破罐子破摔，所以千万不要心存侥幸。

(4)汇市无常胜，知足常乐才是明智之举。在进入汇市之前给自己设下一个赢利目标，一旦投资达到你设定的赢利目标，立即出手，不犹豫，不拖泥带水，世上毕竟没有常胜将军。

(5)闲暇时间是否充足。汇市和股市瞬息万变，每次变动都可能带来汇率的变动，所以投资者要及时跟进，才能把握投资交易时机，所以在入市之前要考虑到自己有没有充足的时间，另外最好根据自己的情况设定具有可操作性的交易方案，以便在瞬息万变的金融市场能够快速地作出选择和决定。

首先是投资外汇先要开户。目前，居民的大多数外币资产是存在银行里，而如今随着经济的发展，人民币不断地增值，通过外汇来实现资产的保值和增值已经变得越来越不现实了。

目前，为了方便客户和服务客户，很多银行都开通了外汇服务业务，个人可以持能够证明身份的身份证和资金去银行开户，也可以将已有的账户存款转至开办个人外汇买卖业务的银行，需要注意的是，办理人必须是拥有完全民事行为能力的境内居民个人，也就是说18岁以下的人是不能开户的。

如果有时间在柜台交易，只需要将个人身份证和外汇现金或者是存单等交给工作人员即可办理。在工商银行和建设银行开户是有起点金额的限制的，最低为50美元，中国银行和交通银行目前还没有起点金额的限制。

如果采用另外一种交易方法即电话交易，则需要带个人身份证到附近的银行网点办理电话交易或者自助交易的开户手续，其起点金额较柜台交易则高出很多，如交通银行的开户起点金额为300美元等值外币，工商银行的开户起点金额为100美元等值外币。

一般情况下，在开户的时候不需要缴纳手续费，但是银行的服务都是不断地在改进中，甚至很多银行为了吸引客户而推出了很多优惠，在开户的时候可以向工作人员详细询问。

第二个需要考虑的问题是银行开户后如何进行交易。目前个人外汇买卖方式有两种，即柜台交易和电话交易两种。

如果客户一开始办理的是柜台交易，则需要客户到银行的柜台进行外汇买卖，首先领取个人外汇买卖申请书或委托书，按表中要求填写完毕，连同身份证、存折或现金交柜台经办员审核清点。经办员审核无误，将外汇买卖申请书或确认单交客户确认，成交汇率即以该确认单上的汇率为准。客户确认后签字即为成交，成交后该笔交易不得撤销。

办理电话交易的客户则可以通过音频电话或手机完成买卖交易而不需要到银行柜台办理。客户根据事先留下的电话委托交易的专用密码按照银行的交易规程进行交易。交易完成后，客户可以通过电话或者传真去核实，成交后，这笔交易则不得撤销。

因为涉及两个币种，外汇市场的交易要比股票复杂，所以在进行交易前一定要仔细了解外汇交易的操作步骤，记住币种的代码，以免在操作中出现不必要的操作而造成资产的损失。

进行操作后，我们需要了解下一步该做的事情——如何看汇率报价。一般来说，报价是随着市场波动而波动的，各银行按照现时金融市场上的即时汇率加上一定幅度的买卖差价决定的。在银行则可以通过电脑屏幕看到汇率报价，电话交易则可以打电话到交易热线查询现时的利率报价。

一般来说，汇率的报价在上午时波动很小，在下午 1 点半和 3 点半之间的波动最为厉害，几乎每隔几十秒就会变动一次。所以，如果要进行外汇投资，你要有足够的心理承担能力。现在你应该了解投资外汇其实是一种简单的事情，没你想的那么难。

外汇投资的交易方式

汇市和股市一样都是一个高收益的投资选择，也是一个高风险无所不在的场所，现在外汇投资已经变成了一种普遍的理财方式，特别是随着互联网技术的快速发展，使得个人投资外汇市场变得火热起来，也推动了外汇交易成为新一轮的投资新热点。

作为刚刚进入理财市场大门的年轻人来说，对于外汇投资的交易方式还不是很了解甚至糊里糊涂，在这样的状态下进入汇市，势必会赔本，所以在入市进行买卖外汇之前，应该先了解一下汇市中的交易方式，这样在以后的交易中才不至于无所适从、手足无措，耽误挣钱的最佳时期或者减少损失的最佳时期，所以了解外汇交易中的交易方式对于初涉外汇市场的年轻人来说有着举足轻重的作用。

目前在外汇交易中，有即期外汇交易、远期外汇交易、外汇期货交易以及外汇期权交易 4 种交易方式。

1.即期外汇交易

即期外汇交易又称为现货交易或观期交易，是指外汇买卖成交后，交易双方当事人在本天或者两个交易日内办理交割手续的一种交易行为。即期外汇交易是外汇市场上最普遍、最常用的一种交易方式，因为它具有时间短、效果快、可以满足买方临时性付钱的需要、避免汇率风险等特点，所以人们常用这种方式来进行交易，即期外汇交易金额占外汇交易总额的大部分，现在仍然是外汇交易方式中最受人喜欢的交易方式。

2.远期外汇交易

远期外汇交易跟即期外汇交易相区别，是指买卖外汇的双方当事人在交易完成后，按照远期合同规定，在成交日后的3个营业日之后按规定的日期交易的外汇交易。远期外汇交易是有效的外汇市场中必不可少的组成部分。相比较即期外汇交易，远期外汇交易就是把时间延长了，这样可以给予买方足够的时间去筹钱，从而推动交易更好地完成。

3.外汇期货交易

早期在市场交易中，外汇是作为商品交易的媒体，但随着后来期货的市场发展，外汇也慢慢地成了期货交易的对象，也就有了外汇期货交易。所谓的外汇期货交易就是指外汇的买卖双方当事人在不久的一段时间内，以在有组织的交易所内公开叫价或者买价，买卖双方当事人买入或者卖出某一标准数量的特定货币的交易活动。这是一种类似拍卖的聚会，人们根据自己的喜好加以选择或者卖出。

4.外汇期权交易

外汇期权是指期权的持有者拥有合约的权利，并根据情况决定是否执行交割合约。如果愿意的话，合约的持有者可以听任期权到期而不进行交割，卖方毫无权利决定合同是否交割，所以外汇期权常被视作一种有效的避险工具，因为它可以消除贬值风险以保留潜在的获利可能。

随着经济发展和理财观念的普及，如今热衷于炒外汇的人越来越多，进入外汇交易市场的门槛也越来越低，银行为了吸引客户，更是推出了很多优惠的业务，这便大大方便了普通投资者的进入。目前对于想进入外汇市

场的朋友,则可以根据自己的实际情况和需要从下面3种情况里进行选择。

首先是通过银行进行交易。通过银行入户是一种最普遍、最常用的开户方式或者交易方式,目前通过中国银行、交通银行、建设银行或招商银行等国内有外汇交易柜台的银行进行交易。不过银行开通交易的时间为周一至周五,交易方式为在银行柜台交易或者通过电话进行交易。

然后是通过境外金融机构在境外银行交易和通过互联网交易,这两种交易方式具有相似性,如其进行交易的时间都是周一到周六上午,而且每天24小时,交易方式都为保证金制交易,可挂单进行买卖,其中通过境外金融机构可以通过电话在境外银行进行交易。

需要注意的是后面的两种交易方式均采用保证金制交易,即在交易之前需要先交押金购买一定程度的信贷额,如果客户要买10万欧元的外汇,则需要交1万欧元的押金。集团和交易商只要求客户做这项投资时把账户内的资金维持在1万欧元这个下限之上,这个最少的维持交易的押金就是保证金,当然客户愿意多投入资金也可以。在保证金的制度下,客户可以利用这种杠杆式的操作更灵活地运用各种投资策略,可以以小搏大、四两拨千斤。另外这种保证金制度因为其投资少于投资总值,所以还具有不会积压资金、不怕套牢等特点,因而得到百姓的喜欢。

通过上面的介绍,我们已经了解到外汇交易的方式,在实际生活中,我们可以根据自己的需要选择一种适合自己的交易方式,从而更好地实现自己的理财梦想。平时一定注意多看看财经新闻,在摸索中,这些交易方式慢慢地熟练了,你的理财经验也就变得丰富了。

判别外汇走势，准确预测汇率

2004年，国际外汇市场一片红火，汇率一直走高，尤其是美元，给美元持有者带来了丰富的收益，美联储开始了它的加息之旅，进入2005年后，美国的汇率节节攀高，各国人士都争先恐后地购买美元，此后美联储继续一系列加息举措使美元成为市场焦点，美元在汇市赢得了举足轻重的地位。美元的增值和美联储利率不断增加，实现双赢利。然而，世事总是好景不长，好花不常开，经过连续的加息，美元开始有点承受不住，疲态尽现。

到了2006年的时候，美联储开始进行利息调整，2007年，经过连番降息后，美元的利率水平已经很低，于是，在国际汇市上，美元相对于其他货币不断地贬值，外汇的红火局面已经不见，人们纷纷抛售手中的美币来减少资产损失。

2009年，美国爆发了空前严峻的经济危机，美元在受到这一大挫折后走势犹如滑铁卢，一发而不可收。虽然目前，在国际外汇市场上，美元的指数已经开始不断地回升，甚至有很多专家推断，美国要恢复到以往的霸主地位只需要短短的几年时间，但美元在外汇市场上是走强还是较弱，这还有待时间的检验。

和股票一样，汇市市场风云变化无常难测，三十年河东，三十年河西。虽然2009年的金融危机带来的信用危机严重影响到外汇市场，但其中利率的影响仍不容小视，所以进入外汇市场需要一双“火眼金睛”来判别外汇的走势，准确地预测汇率。

经过对投资外汇和其交易方式的了解，我们进入金融市场后，常常需要对外汇的走势及汇率的变化作出正确的判断，以便自己低买高卖，真正实现利益的最大化，实现资产不断增长，满足你的理财梦想。

外汇交易者可以分为基本面分析型和技术分析型，两者都有自己的优势和缺点。如基本面分析是指对影响一国经济以及货币汇率变化的核心要素进行研究，以便研究汇率在某段时间的变化趋势。基本面数据不仅告诉我们现在的市场情况，更重要的是，它能帮助我们预测未来市场的发展，但却不能预测价格的发展，常常忽略技术图表给出的价格波动讯号。而技术分析型却常常忽略重大政治事件、经济数据的发布等影响汇率变化的因素。

外汇市场的难点主要在于分辨行情，如是不是多头、空头或者盘整状态，这都需要冷静的头脑和对各国经济走势以及技术面的研究总结；剩下的难点是在自身，要克服逆市操作的人性弱点，所以进入外汇市场后，一定要虚心学习，在实践中不断积累经验，又要对基本面、技术面勤加研判，在外汇市场或者股票市场并无捷径可走，只有自己总结经验勤加研习。

目前，影响外汇走势的因素主要有下面几个方面。

（1）影响汇价的最基本因素就是各国的经济增长速度，如果一个国家的经济一直不断地增长，那么这个国家的货币就会不断地升值。如我国经济发展状况良好，人民币在国际市场上也不断地升值。目前在汇市中，美元占据主导地位，美国的经济增长速度直接影响着汇市，在汇市中具有举足轻重的作用。所以外汇投资，首先要注意美国的经济数据，一旦美国的经济出现滑坡，就会造成美元的贬值，汇市就会陷入混乱之中。

如不久前的金融危机给美国的经济发展带来严重的阻碍，失业率上升、制造业萎缩、美国民众的消费信心下降，为了顺利渡过难关，美国调集大量资金入市自救，美联储宣布维持当前基准等于0~0.25%水平不变，使利率降至很低的水平。在外汇市场，美币开始出现了贬值，很多拥有美元的外汇交易者都纷纷抛出拥有的美币，以避免财产损失。

（2）影响汇市的基本因素之一就是国际收支。国际收支即商品和劳务的进出口的资本的输出和输入。如果一个国家的收入大于支出，则对外贸易顺差，反之，则逆差，就是贸易赤字。通常来说，一个国家出现顺差局面的话，则表明这个国家经济基本面好，这个国家的货币就会增值，外汇市场火热。反之，则贬值，外汇市场冷淡。

如金融危机后，美国为了保持其国内的物价稳定，采取了3个政策：一是主动让美元贬值，二是保持巨额外贸逆差，三是投入大量资金入市自救。如所料，贸易逆差使美国的经济开始出现了增长，但长期下来，美元贬值则导致各种以美元标价的商品价格提升，很多外国美元持有者对美元失去信心，纷纷抛弃美元，从而加速了美元的贬值。

(3)一个国家发行的货币的数量也是影响汇率变化的原因之一。一个国家必须根据经济的发展和当前的国情以科学的方法来判断该发行多少货币量，这个量必须是稳定在国家发展的水平线上，波动不宜太大。

国家可以通过货币的发行数量来调节经济的发展，在经济增长速度缓慢或者经济在衰退，国家可以用增加货币供应量的方法来刺激经济，实现经济的增长，从而影响到汇率。相反，如果在采取了这种政策之后，经济状况好转，国家就要采取紧缩的货币政策，减少货币供应量，以避免通货膨胀。

(4)一个国家的利率水平同样可以对汇率构成影响。在外汇市场上，利率和汇价是紧密相连的，试想，如果一个国家利率太低，就有可能造成百姓把钱换为其他国家的纸币存在利率较高的国家，来争取利息差。

(5)生产者物价指数和消费者物价指数也是决定汇率的因素之一。生产者物价指数是工厂产品出厂后其价格变化的趋势以及变化程度的指数，可以用来衡量各种不同的商品在不同生产阶段的价格变化。各国通过统计局向各大生产商搜集各种商品的报价，并通过自己的计算方法计算出百进位形态以便比较。

消费者物价指数是指根据与居民生活有关的产品及劳务价格统计出来的物价变动指标，通常作为观察通货膨胀水平的重要指标。如今很多国家都根据这项指标来判断国内的经济是否达到了通货膨胀的时刻，以及采取措施控制。

消费者物价指数上升，显示这个地区的通货膨胀率上升了，说明货币的购买力减少了，引起货币的贬值，从而影响到外汇市场上汇率的变化。较低的通货膨胀如能控制的通货膨胀，利率同时回落，这个国家的汇率反而会上涨。

(6)可以根据一个国家的失业率来判别这个国家的货币走势。失业率是指失业人口占劳动人口的比率，通常是由国家的劳工部门统计，每月公布一次的国家人口就业状况的数据，旨在衡量闲置中的劳动产能。各国政府通过对本国的家庭抽样调查来判断这个月该国全部劳动人口的就业情况。失业率过高，则表明国家的经济发展不够稳定，从而导致外汇汇率下降。

(7)综合领先经济指标，又名先行指标指数，指一系列引导经济循环的相关经济指标和经济变量的加权平均数，是目前各国用来预测经济活动的指标。综合领先经济指标包括从投资到商业信用等大量的资料，涵盖了整个经济活动的绝大多数部分，因此，可以用它来衡量未来几个月内经济发展的趋势，指标连续增长则表示经济增长持续，但超过 10 个月则有通货膨胀或者收益的压力。指数下跌 3 个月则说明国家经济开始出现衰退，其货币就会贬值。

外汇市场变化莫测，风险很大，我们只能通过上面的影响外汇走势的因素来进行判别，从其中发现外汇汇率变化的端倪，早日采取措施，避免财产损失，同时也可以通过对外汇因素的正确判断，从而获取赢利，实现财产增值。

掌握外汇投资的买卖技巧

当我们能够对外汇的走势以及其汇率能做出一定科学的推断，那么接下来我们需要注意的问题就是掌握外汇投资的买卖技巧，如买入时间、建仓时间、卖出时间等，都需要你有丰富的经验能够灵活处理这些在实际操作中遇到的问题，所以你要学习掌握这些外汇投资的买卖技巧。

任何投资都有其应该遵循的规定，外汇市场也不例外。如果想要通过外汇投资的理财方式实现自己的理财计划，除了要具备良好的心理素质外，还要能够掌握一些必要的交易技巧。通过上面的介绍，你应该对外汇市场有了一个宏观上的概念，接下来的是实践，在你的交易过程中遵循下面的这些法则，就能够让你掌握正确的投资时间，实现自己的理财梦想，让你的投资如虎添翼。

1.要学会利用模拟账户寻找外汇投资的感觉

飞行员在进行飞机飞翔之前总是要经过一段时间的模拟飞行训练寻找飞行的感觉，在投资市场上也是如此，因为没有任何一种投资是稳赚不赔的，外汇投资当然也不例外，因此在有些时候感觉这种抽象化的东西能够使你避免意外的财产损失。

在决定投资外汇之前，要先用模拟账户体验一下外汇投资的感觉。模拟账户和真实账户的操作界面是一致的，报价也很真实，投资者可以通过对模拟账户的操作，先熟练操作方法和学习一些投资外汇的技巧，在模拟账户中不要因为没有财产损失而漫不经心，一定要认真学习、循序渐进，慢慢地接触一些基本面和技术面的知识，通过模拟操作则可以积累一些经验和学会以及掌握投资技巧，然后根据自己每次历练的情况作出总结。当你在模拟账户上能够不断地实现赢利，你就可以考虑入市。

2.学会在最佳时机开盘

所谓开盘也就是敞口，是买进一种货币同时卖出另一种货币的行为，所以在外汇市场上掌握正确的最佳时期开盘是非常重要的，这是实现理财赢利的前提。

开盘看起来是一个简单的问题，但实际上很困难，常常要根据汇率的水平以及自己得到的或者总结的经验进行判断，很多人甚至依赖自己的直

觉，如何正确地把握时机需要更多地了解更多的玄机。把握好最佳时机开盘则日进斗金，万一判断失误，自己的理财梦想就会受到挫折，资产出现缩水。

3.在汇市最活跃时参与交易

在股票市场中，常常有人在价格趋势明朗后追击入市，据投资者说这样做风险最小，外汇市场也是如此。在外汇市场中，常常有一个时间段是外汇交易最清淡的时刻，行情波动很小，被称作“横盘”。由此可见，在横盘时外汇汇价趋势不明显，其上升或者下跌的概率各占一半，所以你可能遭受损失，因此要尽量避免在交易淡薄时期进行外汇投资。

如果交易活跃，那说明在外汇市场上有两种势均力敌的力量在较量，一旦一方支撑不住，汇价就会发生大幅波动。如果你买入的点位不好，那就有被深度套牢的危险。在汇市中有两个点对交易是非常重要的，即上档阻力位和下方支撑位，上档阻力位是指前期没有突破的高点，下方支撑位则是指前期没有突破的低点。

汇价升到了阻力位，则会受到阻力压制。如果上升的力量强，能够突破这个阻力位，则其趋势明朗，后市肯定是继续往上走。反之，则后市见底回落，所以在交易中找出阻力位和支撑位，后市的操作方法就有了，可以在没有突破高点做空，在低点受到支撑做多。

4.学会从各种消息中发现良机

在外汇中，各种突然发生的事件以及经济数据的信息的发布，都能够令外汇市场风云突变，特别是对那些短线的投资者来说，能不能第一时间知道经济数据的相关信息和获得重大事件的内容，具有举足轻重的作用。

各种负面消息一旦传入外汇市场，其原有的平稳状态都会被打断，作为一名投资者，在这个时刻你要有足够的冷静，能够在瞬间果断地作出买入或者卖出的决定，避免财产损失或者获取比较丰厚的效益。

5.正确判断顶部和底部

在外汇市场中，如何在外汇下降到底部的时候进行正确的判断，并及时进行建仓，或者在顶部的时候及时卖出，都能够使投资者获得良好的收益，所以投资者需要一双“火眼金睛”，从外币汇价的涨幅中进行判断，尤其是某一币种在连续的上涨或者下跌的过程中如何能够做出正确的判断，取得交易的成本优势，从而实现理财的目的。

6.熟练使用均线

在外汇投资中，我们经常使用圆柱图进行分析，在圆柱图中最常用的就是均线，许多技术面分析就是用这种圆柱图和均线合在一起使用的图，目前很多投资者都是使用这种图形来进行最基本的外汇趋势分析，因为这个指标是人民的智慧结晶，其准确性还是很高的，所以要掌握外汇投资的买卖技巧，那么均线是你必须掌握的最基本的技术指标。

在图纸上你常常会看到并不是直线的一条线，汇价就在其上下波动，这条线在交易中被称作简单移动平均线，就是指把数天之内的收盘价相加，再除以天数得出的就是平均值，然后每过一段时间，就按照这个方法得到一条平均值，把这些平均值连在一起就成了简单移动平均线。

在交易中，根据投资者投资时间的长短，均线的判断依据的时间是不相同的。如短期，则是以 5 日、10 日、20 日、30 日的均线为依据；中期则是以 60 日、100 日和 150 日的均线为判断依据；长期则是以 200 日、250 日的均线为操作依据。使用均线可以快速地对行情进行了解，并及时采取相应的措施。

在均线上，投资专家葛兰碧先生创造了葛兰碧八大法则。葛兰碧先生在长期的炒外汇实践中创造了这些法则，如果投资者掌握了这些法则，均线就会变为你手中的理财利器。

买入信号：

一是当移动平均线从下跌转到盘整或者上升，汇价已经从均线的下方向上突破，穿过均线并继续向上时，这是个最重要的买入信号。

二是当价格虽跌破平均线，但又立刻回升到平均线上，此时平均线仍

然保持上升势态，还为买进信号。

三是当价格趋势线走在平均线上，价格下跌并未跌破平均线并且立刻反转上升，亦是买进信号。

四是当价格突然暴跌，跌破平均线，且远离平均线，则有可能反弹上升，亦为买进信号。

卖出信号：

五是当汇价由上升转势开始走平、盘整或者逐渐下跌，价格向下跌破平均线，这是个重要的卖出信号。

六是当价格虽然向上突破平均线，但又立刻回跌至平均线以下，此时平均线仍然保持持续下跌势态，还为卖出信号。

七是当价格趋势线走在平均线下，价格上升却并未突破平均线且立刻反转下跌，亦是卖出信号。

八是当价格突然暴涨，突破平均线，且远离平均线，则有可能反弹回跌，亦为卖出信号。

法则原理：汇价要始终围绕平均移动线上下波动，不能偏离太远，如果汇价距离均线太远，就应该向均线回归。

7.把握外汇投资中的细节问题

在外汇市场中，投资者往往要注意很多与外汇汇率相关的细节，如注意观察外汇的习性、注意全球一些市场假期对汇市的影响等，如果在平时的投资中就能够注意这些细节，慢慢地你就会发现自己赚得比别人多。

外汇投资的买卖技巧基本上就是这些，需要在长期的理财实践中慢慢总结经验和教训，形成一套成熟的理财观念，如此，在外汇市场中才能持续获利，才能实现自己的理财规划，从而实现自己的财务自由的梦想。

规避外汇投资的风险

李先生每月收入3000多元，每月各项支出约1000元。有时生活中会有一些推脱不掉的应酬，这样每月大概需要500元的机动资金。

这样下来，李先生每月节余1500元左右，他在电视上看到了很多通过外汇投资的获得良好收益的人物故事，李先生看着自己住的狭小的房子，心里面蠢蠢欲动，周末，李先生去银行询问了入市炒外汇的有关问题，在听到近几年平均具有16%的收益时，李先生动心了，他毫不犹豫就开通了账户。从开户到真正炒外汇是需要一段时间来学习或者经过模拟账户来锻炼一下自己，但李先生明显没有自己的理财规划，经过简单的学习后，他便进入了外汇市场。

汇市的情况比李先生想象的要复杂得多，因为对外汇交易方式和不能正确地判断外汇的走势，几笔交易下来，李先生损失颇多，有一笔交易被套牢了。望着账户中的余额，李先生的脑海想起一句话，汇市有风险，入市须谨慎。想起当初轻率的决定，李先生悔恨不已。

世上没有只挣不赔的投资工具，外汇投资也是如此。所以在入市之前，一定要仔细考虑清楚，如投资目标、经验水平和承担风险的能力等等。外汇市场是存在风险的，所以投资的时候不要以全部的资产进行投资，以免资产部分损失或者全部损失，另外在投资中要注意所有与外汇相关的风险或者信息，用来帮助自己做出正确的判断。

不对外汇市场提前进行考察和模拟训练，不懂得控制风险，随意操作，在外汇市场上挣到钱不亚于东方夜谭或者海市蜃楼。即使是有着几十年投资经验的投资者在面对外汇市场的时候，也不敢大意马虎，而是做好投资计划，规避外汇投资的风险，步步为营，从而实现步步为赢。在外汇市场中，

规避投资风险常用的办法有下面几个：

1.制定投资计划

俗话说一天之计在于晨，一年之计在于春，说明计划对人生的重要性。在理财中，设定合理的理财规划是十分重要的，而且要求计划具有合理性，能够一步步实现起来，这是投资者所需要做的最重要的工作之一。在炒外汇的过程中，如果没有投资计划就像没有雷达的飞机，最终的结果会惨不忍睹。

就连著名的世界投资大师巴菲特都说："我可以大谈我的投资哲学，有时候也会谈我的投资策略，但我决不会谈我的投资计划。"投资计划是投资者最重要的商业秘密，即使一个没有什么理财经验的人，如果给他一份合理的理财规划，而且他按照上面去做了，就能得到良好的收益。所以，由此可以看到投资计划的重要性了。所以在进行外汇投资之前，一定要设定一份理财规划，这样才能更好地规避外汇投资的风险。

2.顺势交易是外汇市场制胜的秘诀

在交易场所，人们望着屏幕上外汇价格的变化常常会有一种浮躁的心理，所以人们常着眼于价格的浮动而忽视汇价的上升和下跌趋势。人们的心理都有一种贪图小便宜的劣行，如价格贵的东西不敢买，价格便宜的东西却一买一大堆，价格越低越觉得占便宜，然而事实上，商品的价值是由社会必要劳动时间决定的，也就是说便宜没好货，但人们总是这样做，在炒外汇中也是如此，在交易中忘了"顺势而为"的格言，从而给自己带来不必要的财产损失。

据说某家证券公司在招聘员工的时候，常常要经过一场考验，即给每位面试者2000元，让面试者去外汇市场进行操作，并因此来决定面试者的去留。原来是这样的：缺乏经验的面试者在开盘时看见某币种呈上升的趋势，便急于加入，或者购买的币种有赢利，就立刻想到平仓收钱。但在外汇市场中如何捕捉获利的时机是一门学问；而有经验的面试者会根据自己对汇率走势的判断来决定平盘的时间，在时机到的那一刻毫不犹豫地出手；通过比较，两者高下立见，前面的面试者都去了别的证券公司面试，后面的面试者即使是判断失误出现损失，也被留在了公司。

所以在外汇市场中，一定要注意控制自己，要记住“顺势交易是外汇市场制胜的秘诀。”

3.市场不明朗绝不介入

孙子兵法上说“知己知彼，方能百战不殆”，在外汇市场上也是如此，在市场情况不明朗的情况下，一脚踏下可能踩空，所以在对市场的情况不了解的状态下，要学会等待。很多具有投资经验的人在市场状态不明朗的情况下，一般都等待时机，至少要等到“知己知彼”的时候才进行投资，这样才能“百战不殆”。

在进行投资的时候最切记的就是不要用赌博的心态去理财，这样十有八九会输，孤注一掷的交易方式往往是以财产损失而终，所以为了避免财产损失，至少在市场状态不明朗的时候学会等待。

4.止损是外汇投资赚钱的第一招

因为投资市场具有不可预测性和其波动性，所以投资市场才显得风云变幻、起伏大，具有风险性等特点，没有人能准确知道下一步市场会发生什么，人们所能做的只是根据市场以往表现出来的规律，加以科学的分析来预测下一步市场的走向。所有的预测都是一种可能性，根据这种可能性进行交易自然是不确定的，不确定的分析可能会给你带来风险，所以必须有一种有效的措施来保障，止损就是最好的一招。

在进入投资市场的时候，每个人的心里都给自己设定了一个能够承受损失的最低点，一旦超过这个点，投资者立即交易，中止继续下去，所以止损成了保障投资者获得成功的必要措施。

5.建仓资金需留有余地

和其他投资不同，外汇是采用杠杆式的交易，资金放大了很多倍，一旦

被套牢,损失的金钱就远远超过投入的本身,所以进行有效的资金管理就显得非常重要了。所以在建仓的时候,一定要考虑好,最好要留有余地,因为满仓和重仓交易都是一种非常冒险的投资方式,渐渐地,很多投资者对此弃之不用。

6.交叉盘不是解套的"万能钥匙"

在外汇市场中,投资者最不愿意面对的就是资金被套牢,因为这往往意味着资金遭受很多损失。外汇市场上,直盘投资者经常使用的解套方法就是做交叉盘,在被套牢的情况下,很多投资者不愿意止损而选择交叉盘进行解套操作。

在外汇市场中,以美元为汇率基准,美元以外的两种货币的相对汇率就是交叉盘,比如欧元/英镑、英镑/日元等都是交叉盘,交叉盘能有效地降低持仓成本,使已经被套牢的仓位很快解套,交叉盘的波动较大,走势较为明显,所以被很多投资者用来作为解套的最好的方法。然而投资者一定要对交叉盘有一定的了解,否则可能会承担更大的损失。

7.自律是投资外汇成功的保证

外汇市场是瞬息千变万化的场所,投资者每分每秒都在经受着诱惑的考验,投资者要学会自律,即要学会控制自己和约束自己的行为,守得住规矩,使自己的行为符合理智时期的所作所为,往往投资者就是栽在自身的弱点上,所以为了获得良好的收益,一定要学会自律。自律再加上对外汇形势的合理的判断,慢慢地你就会发现自己的财富在逐渐地积累。

理财不是"一夜暴富",它具有理性,所以理财注重的是源远流长,把握生活中的点滴,全面地学习理财的观念意识,学会利用财务建立起完善的家庭生活体系,更好地享受生活,最终实现财务的自由。做外汇投资最重要的是时间,时间越长,收益越丰富。

然而外汇市场风云乍起,波动起伏大,所以我们一定要学会合理地规避外汇投资的风险,并且对规避外汇投资风险的办法加以了解和掌握,在市场上才能应用自如，不至于在遭受损失后无所适从、手足无措。在理财中，我们要做的就是细心地分辨和规避理财的风险，并不断地坚持，让理财成为生活中必不可少的部分。通过对外汇规避风险方法的学习，我们就会慢慢地发现自己的资产在逐渐地增加。

14

基金:给你的投资行动定个闹铃

基金是一种适合长期持有的理财方式,通过利复利的效应带给你意想不到的资产。基金进入我国市场已有十多年的时间,很多投资者都发现了这匹理财领域的黑马。基金可以采用定投的方式来进行投资,就像是固定的时间内不断地敲响闹铃,提醒你,你的资产又增值了。

正确全面地认识基金

"几年前,我通过基金定投的方式拥有了几支基金,我昨天在网上查了一下,哈哈,我的资产在这几年中已经翻了一番,而且有不断增长的趋势,基金真是一种好的理财方式,省时不费力,只要长期持有,就会获得一定的收益。"已经是一家公司主管的蒋志军说。

通过几年的发展,基金渐渐地取得了投资者的信任,其稳定的收益模式和专业的管理方式都是投资者进行投资的原因。和蒋志军有着同样想法的投资者很多,作为一种投资工具,基金是指为了某种目的而设立的具有一定数量的资金,通常是把众多投资者的资金汇集起来,由基金托管人托管,由专业的理财专家们通过投资于股票和债券等实现收益的目的。

基金是一种很好的理财方式,它能够很好地规避风险,又能获得比银行高的利率,所以投资基金是一种不错的选择。

假设你现在有一笔钱想用来投资，但是却又苦于自己工作忙，没时间和精力，也没有专业的理财知识，而且这笔钱并不丰富，放在银行里只能获取微薄的利息，所以你想到与其他人一起合伙投资，然后聘用一个投资高手，操作大家用合出的资产进行投资增值，但是在所有的投资者里要找出具有理财知识的投资者和投资高手进行交流，并给予其一定的报酬，这就是合伙投资的模式，把它扩大100倍、1000倍就是基金。

所以，假设你手头有一笔钱，但没时间与精力打理，你可以选择基金投资工具，扣掉申购费，你获得的就是一定份额的基金单位，和其他投资者成了基金的拥有者，基金管理公司运用基金购买股票和债券，进行合理的投资。

专家理财是基金投资的重要特色。基金公司有很多的投资专家，他们一般都具有深厚的投资分析理论功底和丰富的实践经验，对股票、债券等金融产品有着很深的了解和掌握，在集思广益的基础上，对资产进行合理的投资，以实现收益。

每年，基金公司都会从资金资产中提取一定的管理费用，用于支付公司的运营成本，另一方面，基金的托管人如银行等也收取一定的托管费。在不同的基金种类中，基金拥有者还要缴纳一定的费用。下面我们就来了解一下基金的种类。

（1）根据基金单位是否可增加或赎回，证券投资基金可分为开放式基金和封闭式基金。开放式基金的规模并不是固定不变的，而是投资者可以根据市场的情况赎回的投资基金，一般通过银行申购和赎回；封闭式基金是相对于开放式基金而言，其基金规模在发行前就已经确定，在规定的期限内，其基金具有固定不变的特点。

封闭式基金有着明确的存续期限，在我国，这个期限最少为5年，就是指在5年内已发行的基金单位不能被赎回，这样基金管理公司便可据以制定长期的投资策略，取得长期经营绩效。当然，在特殊的以及符合法定的条件下，此类基金可进行扩募。而开放式基金则是可赎回的，而且投资者随时

可以进行投资，其基金的规模每天都会不断地变化。

封闭式基金的价格受市场供求关系影响较大。当市场供不应求的时候，基金的买卖价格就会高于其基金单位的净值，投资者拥有的基金资产就会增加；当市场供过于求的时候，基金的价格则会低于基金单位的净值。而封闭式基金则是以基金单位的资产净值为基础进行计算的。购买封闭式基金时需要付出一定比例的证券交易税和手续费，这点和股票很相似。开放式基金的投资者需缴纳的相关费用，如首次认购费、赎回费。一般而言，购买封闭式基金的费用要远远高于开放式基金。

(2)根据组织形态的不同，可分为公司型基金和契约型基金。基金通过发行基金股份成立投资基金公司的形式设立，通常称为公司型基金；由基金管理人、基金托管人和投资人三方通过基金契约设立，通常称为契约型基金。目前我国的证券投资基金均为契约型基金。

(3)根据投资风险与收益的不同，可分为成长型、收入型和平衡型基金。

(4)根据投资对象的不同，可分为股票基金、债券基金、货币市场基金、指数型基金等。

股票基金是以股票为投资对象的投资基金，是投资基金的主要种类，其收益为股票上涨的资本所得，基金净值随投资的股票市价涨跌而变动。股票型基金的风险相对于债券、货币市场基金较高，但其具有可观的收益。

债券型基金，顾名思义就是指是以债券为主要投资标的的共同基金，在我国，金融债券、债券附买回、定存、短期票券等都是其投资的方向，采取不分配收益方式，合法节税。利息收入为债券型基金的主要收益来源，所以国内很多债券型基金都是偏向收益型的债券基金，因此，收益普遍呈现稳定成长，但汇率的变化和债券市场价格的波动也往往会影响到债券基金的价格，所以债券基金还是有风险的。

货币市场基金，指的是投资于货币市场上短期有价证券的一种基金。短期有价证券在我国主要有国库券、政府短期债券、企业债券、银行定期存单、商业票据等。这些有价证券往往能够获得较高的收益，如政府短期债券是以政府的税收作为依据，企业债券则是以企业的资产作为依据，因而具有很强的稳定性，风险性较小，但其利率要明显高于银行的利率。

指数型基金，顾名思义就是以通过购买一部分或全部的某指数所包含的股票来构建指数基金的投资组合，以取得与指数大致相同的收益率。目标是基金净值紧贴指数表现，完全不必考虑投资策略，由于操作简单，投资收益高，指数型基金也渐渐成为投资者最爱的投资方式之一。

在基金的种类中，还有一种基金是比较引起投资者注意的就是对冲基金。对冲基金是由指由金融期货和金融期权等金融衍生工具与金融组织结合后以高风险投机为手段并以赢利为目的的金融基金，基金经理利用选择权和期货指数在汇市、债市、股市上套利。在投资中，基金经理可以采取任何手段来进行投资，以获得利息差。

虽然相对于股票，基金的风险是较小的，但其并不是完全免疫于风险。基金既然投资于证券，就要承担其价格波动所带来的风险，所以在购买基金的时候，一定要考虑好投资的方式，而且从时间上来看，其投资时间越长，风险性就越小。

基金是比较适合长期投资的，频繁地买卖基金，其申购费和赎回费加起来并不低，不利于投资者资产的增加；而是基金价格的波动较小，长期投资，基本上可以避免价格涨跌带来的影响，是一种追求稳定收益和低风险的有效投资方式。

新手入门:投资基金不麻烦

小张问老李:“目前有什么较好的投资途径吗?”

老李说:“投资基金是个不错的选择。”

小张:“听说购买基金各种各样的手续挺麻烦的……”

老李说:“那是不了解基金的人乱说的,购买基金是很方便的。”

虽然近几年,基金以其稳定及良好的收益给投资者留下了良好的印象,但很多人对基金并没有充分的了解,如认为购买基本麻烦等,其实进行基金投资并没有很烦琐的程序要走,即使作为一名新手,投资基金的手续也是很简单的。

首先要进行基金买卖开户,开户时需要带上能够证明个人身份的证件、准备好的资料,到基金的托管银行的柜台网点填写基金业务申请表格,填写完毕后领取业务回执,个人投资者还要领取基金交易卡。

在银行完成开户后,便可以选择恰当时机购买基金。在购买基金的时候一定要带上自己的基金交易卡,到代销的网点柜台填写基金交易申请表格,由柜台受理,并领取基金业务回执。在办理基金业务两天之后,投资者可以到柜台打印业务确认书,便可以进行基金的买进和卖出。

目前基金主要有券商代销、银行柜台交易与基金网上交易 3 种购买渠道,根据自己的情况和喜好,你可以自由地选择。

(1)如果选择券商代销,则免去了开户麻烦。投资者可通过在证券公司的证券交易账户和资金账户进行基金投资,一般的证券公司代理的基金种类要比银行的多,投资者可以多作比较,选出最适合自己的基金种类,从而实现基金理财的目标,而且,投资者无须另外开设专门账户,免去开户的麻烦。

(2)稳定的保守型投资者一般会选择银行柜台交易。银行作为基金的托管人,有时也会代理很多基金的销售,依靠银行遍布各地的网点,为投资者提供了便利,当然在信息上,银行是不可能做到如证券公司那样快捷、方便的,而且证券公司为了吸引客户,往往还具有一定的优惠,所以,在银行购进和卖出基金,适合那些长期拥有、寻求稳定的保守型投资者。

(3)随着互联网的发展和网上银行的传播,基金公司也开通了网上基金交易,首先要到基金的托管银行申请银行卡,开通网上银行服务,然后可以用这个银行卡进行基金的申购,而不需要支付转账费用,具有费率低、方便、快捷等特点。很多个人投资者都选择了这种便捷、优惠的购买渠道。

二是如何赎回和撤回基金。当投资者有意赎回或者撤销手中的基金,则可以带着基金交易卡到银行,在柜面填写交易申请表格,注明赎回或者撤销交易。手续是很方便的,但一定要仔细考虑清楚。

三是如何计算基金的赢利和亏损。基金的赢利和亏损是很好计算的,只要把你购买的数额的基金单位、购买时价格、卖出时价格以及红利等相加减就可以得知。

如你一年前认购某基金 1 万基金单位,买时以基金单位为 1 元,你卖出时其基金单位为 1.65 元, 这样的话你就得到 0.65 元的净值差,1 万基金单位就是 6500,这就是赢利数目,再去掉购买基金时的申购费等费用,所得就是纯利润。

四是分清基金的时期,这样可以避免很多的麻烦。如在刚开始半个月左右的时间为认购期,这段时期的基金只能购买,不能赎回。半月后进入封闭期,也就是基金公司建仓的时期,或是准备期,一般为 3 个月左右,等过了这段时间,基金的价格就会有涨有跌。然后进入了申购期,这个时期你可以对基金进行自由买卖。

五是认清投资基金的风险,世上并不存在百分百收益的理财产品,在银行里做定期储蓄仍然会有一定的风险性,而且在通货膨胀的条件下,资产

甚至面临着缩水的风险，基金也是有风险的，只是相对于股票，稍微低点。

“不是说基金投资具有稳定性的特点吗？为什么我购买的基金，价格却一跌再跌，我买基金时，工作人员明明告诉我，长期投资，基金的风险几乎等于零，然而目前我每一单位的基金就损失了0.4元，我购买了3万个基金单位，一天就损失了1000多元，我不能接受……”在聚会上，刘美飞向自己的闺蜜抱怨。

“没有任何投资是完全规避风险的，基金不例外，银行也不例外，在进行投资的时候一定要仔细考虑清楚其风险性，再说，一时的损失并不算什么，基金是持有的时间越长，其收益就越高。”闺蜜劝刘美飞说。

虽然基金具有相对稳定的特点，但仍具有风险。基金是一项长期投资，其赢利与否，主要看你选择的公司的实力和其运营状况。投资基金，最好选择长期持有的方式，这样就会减少风险。

六是在投资基金的时候有很多细节问题需要你注意，特别是作为一名新手，在基金的投资中更要敏而好学、不耻下问，这样你才能逐渐积累基金的知识，掌握这条理财方式，为你财产的增加添双翅膀，在投资的过程有许多小细节需要你注意。

(1)为了吸引投资者，基金公司往往采用分红的方式拉拢投资者。一般分红后基金会重新回落，回落后的价格和新发行的基金差不多，和新发行的基金相比，回落后的基金免去了两三个月的准备期，甚至可以只需很短的时间就能够申购，自由买卖；不足之处在于虽然价格和新发行的差不多，但还是比新发行的价高点，因为回落基金毕竟运作过一回，有着较为成熟的体系，而且一般这种基金发展得都不错。

(2)在分红问题上也需要注意。当基金价格回落的时候，你所得收益已经按照单位净值和你买的数目给你了，所以不用担心分红的问题。如果你选择现金，那么这笔分红会邮给你。或者你想继续投资，这笔分红则按照目前的基金净值价买入一定额，而且可能还会有优惠，所以在投资基金的时候,你要对这些细节弄明白。

(3)在开放式基金的购买中,常常会遇到前后端收费的问题。前端收费是在购买基金时便支付申购费用,后端收费则是在购买时不支付申购费,而是等到卖出时才一次性付清。然而在实际投资中,投资者很少在意前端收费和后端收费的区别,工作人员一般也不会对投资者进行提醒,投资者和工作人员一般都会默认前端收费。其实选择后端收费,对投资者来说,能够多申购几笔基金单位,则能节约投资成本,从而提高自己的收益。

通过以上的分析我们可以看出,即使作为一名新手,想要投资基金也是件很简单的事情,并不麻烦。只要你潜心学习,虚心向别人请教,并积极地补充自己所需的知识,相信基金可以为你的财务自由贡献很大的力量。

当然,基金是一种很好的理财方式,但基金投资也存在一定的风险性,要想获得好的投资回报要选择好的基金公司,其规模或者运作都要数一数二,这样你才能获得良好的收益。另外,购买基金最好是长期持有,时间越长,其收益越高。

赎回基金:会“卖”才是高手

“我赎回基金的时候,其价格明明是一直走上坡线的,怎么我一赎回,收益并没有多少,再去掉申购等费用,我白忙活了一场。”张晓磊对自己的师傅抱怨说。

师傅平淡地看着他:“等你学会选择恰当的时期进行赎回的时候,师傅我就该退休了。会买只是徒弟,会卖才是师傅。师傅下面就教你如何选择恰当的时期进行赎回,这是师傅的经验所在。”

在基金市场上,人们常常会听到这样的抱怨,说自己不该如此收场,但基金和股票一样,其价格是在上下波动的,所以选择一个恰当的赎回时机

并非易事，一旦选择错误，就会白白损失很多回报的机会，所以在基金市场中，会“卖”才是高手。

所以在赎回基金之前一定要多做事前准备，务必多算几笔账，同时了解基金赎回需要支付的成本，并与自己的收益和投入时间相比较，经过科学的方式选出正确的赎回时机，尽量避免因操作失误或者计算失误而造成不必要的损失，同时应该尽量减少自己的损失。

在赎回基金之前，首先要计算的就是成本。任何基金的赎回成本都不会很低，有些可能会付出很多资金，所以在进行赎回前一定要深思熟虑，谨慎决定。

目前，赎回基金需要投资者支付0.5%左右的赎回费，这是基金市场的规定，而且基金赎回后，常常要购买新基金，另外需要支付0.8%到1.5%的申购费，这样的话，利率就会损失掉2%左右，若是选择正好处在亏损时赎回，损失就会变得很大，这些都是可以估算的交易成本。

在基金市场中，赎回款并不是及时就会打给你的，一般在交易后的7个工作日才会打给你。这近一周的时间延误的投资的机会成本也要算清楚。都考虑清楚以后，剩下的就是选择一个恰当的时刻赎回基金。

其次，在基金市场中，最重要的就是选择最好的时机。在市场交易中，一旦基金的价格达到自己理想的目标，人们便会急于将其出手，然而，基金交易市场的趋势难以把握，在赎回基金时，最忌的就是盲目跟风，在市场状况不明朗的情况下将其出手，这样往往会遭受资产的损失。

赎回基金时，要对基金公司以及基金市场进行全面充分的分析后，把握准时机，在市场基本面发生变化或者价格达到期望的标准时出手。很多有经验的投资者都是根据下面的几个方面来判断赎回基金的时机。

(1)主要的一点就是是否达到自己理财规划的目标。在投资之前，很多投资者会根据自己的情况做一个合理的理财规划，里面有详细的投资目标，包括投资时间、目标收益率多少等。有经验的投资者采用“无风险收益率+成本费率+风险溢价”这种方式来确定目标的收益率，其中股票型基金收益率较高，一般在10%~20%左右。

（2）基金公司的实力规模、基金经理、过往业绩往往都是投资者在进行投资时要考虑和验证的问题，所以在打算赎回基金时，可以对基金公司的这些“基本因素”进行调查，一直收益稳定的基金，其基本因素突然发生变化都要有高度的重视，因为这往往意味着转折。

在投资基金中，要学会每隔一段时间就看看基金净价值的情况，并且对基金公司半年、一年或者两年以上的指标进行详细的考查和分析，如果两年来至今，基金公司的回报率一直稳定在中上游水平，那么可以考虑长期持有这家公司的基金，反之，则应该果断、毫不犹豫地赎回基金。

（3）在投资之前，要在心里确定最低的基金价格，也就是自己能够承受损失的最大限度，所以基金净值是否跌至“止损位置”也是选择赎回的重要因素。因为只有及时赎回，才能避免自己的财产出现更大的损失。当然，每个投资者的情况不同，其承受风险的能力也就不一样，要因人而异。

再次是要选对赎回的方式。赎回也是需要方法的，而不是盲目地去银行或者债券公司卖出基金就可以了。投资者总结了很多赎回的方法，如果按照他们的要求做，你则会减少不必要的损失。

（1）分批减仓。无论是哪种投资工具，分批减仓都是很好的法则。如果投资者投入的资金过多或者数目较大，则可以考虑逐步赎回的方式。赎回的时机一定要判断准确，可以在市场反弹到一定的幅度时选择赎回部分基金，这样有利于降低风险和仓位，同时也可以逐步购买建仓的基金新品种，也可以避免其财产损失。

（2）如果在基金市场待过一段时间，你就会听到很多投资者在谈论两点半法则，指的是在下午3点前提交赎回申请，以当天的基金净值作为交易价格，过了下午3点，则按照下一个工作日的交易价格，所以一定记得在3点之前。

虽然3点才收盘，但在两点半的时候，其价格起伏会变得很小，所以在两点半的时候看盘，并填写申请赎回表单，在3点之前成功办理。作为基金投资者你要学会并灵活利用这个法则。

(3)拖延是一种很不好的习惯，所以要学会果断地下结论，尽量减少赎回基金的时间。有些新手由于选择赎回的时间和方式不当，而无形中延长了赎回的时间，这就增加了基金的投资成本，减少收益。然而，在实际中，浪费时间是很难避免的，即使很多有经验的投资者也会面临这个问题。

要想节约时间，尽快地赎回基金，使其时间缩短，从而提高基金的收益性和灵活性，实际上是有些技巧可以帮助投资者缩短赎回基金的时间的。

首先，尽量避免在节假日进行申购和赎回基金，节假日人多，交易次数多，银行或者证券公司往往人满为患，服务系统也很繁忙，这时进行基金的交易，其速度十分缓慢，而且你还要排很长时间的队。

其次是巧用基金转换曲线赎回。目前，很多基金公司规定，其旗下的货币型基金和股票型基金的转换实行T+0或T+1。学会灵活利用这些规则，便可以缩短赎回的在途时间。

假设某投资者打算赎回一支股票型基金，而在基金公司基金的转换实行的是T+1，货币基金实行的是T+0，那么投资者就可以考虑将股票型基金转换为货币型基金，第二天则会换成新货币基金，那么就可以赎回基金，这样的话，基金赎回的时间便缩短了一天，所以投资者要灵活利用基金公司的规定，巧用基金转换曲线赎回。

再次，进行基金申购的时候，选择赎回时间较短的基金。每家基金公司关于基金的申购和赎回的时间都各不相同，有的实行T+1，有的实行T+2，有的则实行T+3。如果在进行选择时，其公司规模和实力相差不大，那么便可以考虑将赎回时间短的基金作为投资选择，这样就大大增加了资金和投资的灵活性。

最后，在基金的投资过程中，投资者往往会因为事业或者工作而遗忘基金申购和赎回的计划。现在很多金融公司都开通了预约投资的业务，即在投资的时候，可以根据价格、时间对基金的申购和赎回进行提前预约，这样在规定的时间内，系统就会按照事先投资者设定好的申购或者赎回的指令自动进行操作，从而达到了省时省力的目的。目前预约投资已经渐渐得到了很多人的支持。

所以会买基金并不重要，重要的是在恰当的时候把自己手里的基金出手出去，毕竟会卖才是高手，会“卖”则意味着选择较好的赎回时机，尽量减免了财产损失，同时也能够降低成本，提高投资的灵活性，增大了投资收益，早日实现财务自由。

建立合理的基金组合

“我把自己的资产全部压在某某基金上了，我相信它一定会给我带来丰厚的收益，因为毕竟只有集中力量才能获得更高的收益……”

“著名的投资大师巴菲特曾经说过，投资应该像马克·吐温建议的，把所有鸡蛋放在同一个篮子里，然后小心地看好它。”

在基金市场中，我们常常听到许多初次购买基金或者理财经验不够丰富的年轻投资者说出上面那样的话，毫无疑问，这种做法是不可取的，因为一旦遭遇基金价格下滑，带来的风险是很大的，尤其是股票型基金，其带来的问题更大，甚至会给你的财产造成无法弥补的损失。

在投资中选择太多的基金种类也是不可取的，因为首先分散了财产，这样在每种基金上分到的资金就会少很多，其次，基金种类多，要花费的时间和精力也就变得很多，甚至很多投资者一味贪图数目的多少，而把资金投到自己并不了解的基金上，这样的话就无法把握基金的整体风险和投资，

其结果往往惨不忍睹，因此，虽然付出了大量的时间和精力，却得不到想要的结果，徒劳无功不说，还要承担财产损失带来的压力。

很多有经验的投资者往往会选择几种较好的基金组合起来，形成合理的基金组合，往往达到了理想的收益结果，所以优化基金组合能够有效地分担和抵御风险，所以要学会用科学的方法建立合理的基金组合，这样才能规避基金投资的风险，实现良好的收益。

在实践中，投资者按照个人投资承受风险能力的不同，总结出了一些经验，对年轻的投资者进行基金组合有一定的帮助。

(1)高风险、高收益型。这些人大多是年轻人，没有家庭负担或者没有经济压力的有钱人，他们往往会选择“进取型”的基金组合方式，如股票型基金投50%，货币型基金投30%，储蓄替代型基金投20%。这样基金组合，多是以股票型基金为主，占投资总额的一半，充分分享市场经济的快速发展带来的收益，以增加资本，提高收益。其中比较值得欣赏的是这些年轻人因为年轻，所以他们不害怕任何失败，他们敢于承担也勇于承担风险。

(2)这类投资者主要在较高风险水平下获得较高收益，这些人大多是收入稳定、家庭和工作稳定、近期没有大额支出、想提高自身财富积累的人，这些人的风险承受能力尚可，可以选择这样的基金组合如股票型基金投40%，货币型基金投40%，储蓄替代型基金投20%。这一类的组合以股票型基金和货币型基金为主，在兼顾风险的同时追求较高收益，以实现资产增值的目标。

(3)第三类投资者主要是那些资金实力不强，却对财富有着较高的渴望和风险承受能力的人，这类人投资主要以稳、健为特点，可以选择股票型基金和货币型基金各投30%，储蓄替代型基金投40%。这一组合风险明显减低很多，同时适当投资储蓄型产品，保证了总体资金的稳定性，避免出现意外的损失，给资金实力不强的家庭带来困扰。

(4)第四类投资者则是收入稳定，但日常消费较多，风险承担能力一般，却对理财有着很浓的兴趣，这些人风险承受能力一般，所以其基金组合主要以保值和稳定的收益为主，可以选择这样的组合：股票型基金投 20%，货币型基金投 40%，储蓄替代型基金投 40%。这种组合以稳健型基金为核心，在控制风险的前提下获得一定的收益，而且储蓄替代型基金所占的比重很大，能够满足家庭消费的需要。

(5)第五类投资者风险承受能力很小，其投资主要是为了保值和增值，这类投资者多数是年纪比较大的人，其承担风险的能力很低，这些资产往往与他们的养老有关，所以要以稳健为主，可以选择这样的基金组合：货币型基金占 40%，债券基金和储蓄替代型基金各占 30%。债券基金和准货币基金既有很低的风险，又有获得慢慢增加资产的可能，同时储蓄基金完全能够满足其日常生活消费需要的金钱。

通过上面的了解，我们可以根据自身的情况和承受风险的能力的大小选择合理的基金组合，进行投资，并且选择长期持有，如此你就会发现自己的财产在慢慢地增加，离财务自由的理想又靠近了一步。

沉住气，用长投心态实现赢利

“基金投资收益太慢了，有没有其他较好的理财方式呢？”贵宾室里有人在问理财师。

“有。”理财师说。

“太好了，这种理财方式是什么呢？”客户说。

“选择好基金组合，长期持有。”理财师说。

随着时代的发展，人心逐渐变得浮躁，有些投资者难以忍受投资时间稍长带来的煎熬，他们往往喜欢低买高卖，在一天内交易数次，希望能从中获得收益，然而在实际中，这么做反而会适得其反，作为投资者，我们对基

金价格的变化趋势只是一种猜测，既然是猜测，就具有其不科学性和出现损失的可能性，而且频繁交易要缴纳更多的费用，如申购费和赎回费，使得交易成本大大增加。

基金在美国有着成熟的体系，实践证明，基金的投资优势在于它是一个长期的投资工具，在美国具有10年以上较好基金回报率的基金公司更受投资者青睐，从经济学的角度来说，无论是股票还是证券，其都具有在未来不断上升的趋势，这也是基金长期持有能够获利的重要的理论依据。

著名的投资大师巴菲特对理财产品的操作策略就是长期持有，长期持有为他带来了巨额的财富，他的名字多次出现在福布斯排行榜上，甚至一度超过比尔·盖茨成为世界首富。在他50多年的投资生涯中，巴菲特只有一年是赔钱的，其他年份都是呈收益状态，其投资50多年的年均收益为24.3%，他的资产在过去的时间里翻了近两万倍。巴菲特始终相信长期持有，复利将会给人惊人的回报。

巴菲特曾经说过，市场对短期投资行为充满敌意，却给予长期持有者丰厚的回报。回看世界投资大师的理财故事，可以发现没有一位投资大师是做短线交易的，基金在短时间内很难战胜股票等高收益的投资工具，但却在长期中不断地为你增加财富。

基金在我国几年的发展，也完全证明了基金是长期理财的有效工具，在基金市场中，长期持有者都普遍的发了财，而那些短期投资，把基金当做投机取巧的方式，在市场中追涨杀跌、盲目入市的投资者都付出了惨重的代价。基金享受着中国经济不断发展带来的好处，按照我国经济目前发展的速度，年收益率在15%~20%之间的基金还是有很多的，所以选择一个收益稳定且持续的基金是非常重要的。

所以作为一种长期持有的投资工具，投资者真正需要关注的是选择好的基金，然后沉住气，用长投心态实现赢利，所以在选择基金的时候，要关注基金长期的增长趋势和业绩表现的稳定性。选择好基金后，最好的操作方法就是长期持有。长期投资利复利的理念，才是投资者应该有的投资心态，时间从来不会遗忘那些在坚持的人，而且往往要给予他们丰厚的奖励。所以巴菲特成功了，索罗斯成功了，彼得林奇也获得了成功。

然而很多年轻人浮躁，恨不得今天投资，明天就获得丰厚的报酬，这样的理财完全是种赌博的心态，作为基金投资者，首先要树立正确的心态，如“长线投资、稳健获益”，在对基金公司进行考核后，选择一个较好的基金，最好选择长期持有。这样在时间的流逝中，你会慢慢地发现自身财富的积累远远超过了你的想象。

李俊峰就是这种短期投资或者取巧的受害者。李俊峰说：“刚开始投资的时候，我对基金缺乏科学的认识，但当时股指翻了一番，很多入市者都获得了较好的收益，有很多投资者一月便能获利 20%，我心动了，当时很多人在银行排队争相购买基金，而且还有人在旁说什么收益多少多少，我便禁不住诱惑，加入了队伍，那一次买基金花了我一半的积蓄，谁知道这支基金很快便出现了下跌的趋势，我便急得转手将它卖了，损失了近一半的钱，老婆整天埋怨我。等过了半年，我再次来到基金市场，我却意外地发现我当时买的基金竟然出现在涨幅最高的基金前 3 名里，我那个悔啊，如果当时我没有把那支基金出手，现在一定涨了几番了。回家后，老婆知道了，又是一阵言语奚落我。通过那次的教训，我在投资基金的时候就选择长期持有，还别说，真的很有效呢。”

长线是金，短线是银，这是每一位投资者都应该明白的道理。在经过一段时间的观察后拥有一支优秀的基金，这时选择长期持有是个很好的操作方式。投资的过程中，如果基金的价格下跌，你可以再买入一些基金。前面我们已经说过通过市场的波动来获取利益是十分困难的一件事，甚至还可能出现例外的或者意想不到的损失，基金的长期赢利是建立在我国经济不断发展的基础上，所以长期持有是有利的，至少在真正的投资者眼里，长期持有最少有两大好处：首先，长期持有简化了或者减少了操作成本，如申购

费和赎回费都只操作了一次，申购费和赎回费占投资的1.5%~3%的交易费用，这是一笔不小的开支。而长期持有可以避免频繁操作的交易成本，更可以减免赎回费用，无形中就节省下很多费用。

其次，投资者不必烦恼选时的问题，不必为基金费太多的心思精力和浪费过多的时间。对投资者来说，选择正确的买进和卖出的价格和它们所处的时机是一个非常重要的事情，因为只有选对这些，投资者才有可能获得高昂的收益。然而对长线投资的基金来说，这些因素并不是十分重要的事情，基金的获利是建立在经济长期发展的基础上，只要整体的经济形势没有发生根本变化，基金的赢利并不是什么难题。

长期投资并不是一味要求你长期持有基金或者死守不放，在投资中，你可能慢慢地会发现自己选的基金并没有预想得那么好，然而在对这支基金投入时间和精力的过程中，你渐渐地对基金也有了一些自己的见解，你知道选择什么样的基金长期持有。基金的选择要顺应不同的时机、环境及与个人的理财规划等联合起来，选择最适合自己的基金来实现自己的理财目标，对于那些表现不佳的基金要及时地赎回，并且选择绩优基金。

假设你现在20多岁，购买一支绩优的基金，交易方式为每月定投200元，30年后，这支基金将给你带来百万元的效益，这就是长期投资的不断坚持的结果，所以，在选择一支绩优基金的时候要沉住气，用长投心态实现赢利。

只赚不赔是神话，认识基金的风险

2001年3月到2003年12月，上证综合指数下跌了约600多个点，占指数的29.61%。这段时期有33支封闭式基金经历这个过程，这段时间，基金的增长率为-8.895%。如果按照基金的平均收益率，投资者要经过近3年的时间才能恢复本金。在2004年到2005年12月这段时间，上证综合指数从1422.93点下跌到1094.29点，下跌了23.10%。这段时间基金的平均净值增长率是-6.94%。投资者要经过一年半的时间才能恢复本金。

从上面的例子，我们可以看出基金并不是百分百的赢利投资工具，基金投资也是有风险的。现在很多年轻人把基金理财当做最好的投资方式，认为只要自己长期持有就能够获得较好的效益，对基金产品的风险没有正确的认识，甚至出现了很多抱怨者。

很多理财专家提醒投资者，对基金投资不要抱有太高的期望，更不应该把它当做无风险的投资工具。世上并没有只赚不赔的投资工具，有赚有赔才是这些投资工具的常态。和股票一样，基金也是风险投资，既然是风险投资，就会有市场价格的波动，就会有赚有赔，所以不存在永远的投资常胜将军，就连巴菲特也跌倒过好几次。

“我期望基金的年收益在20%左右，这样的话，5年后，我就可以利用投资基金的钱将家里的房子换为较宽敞点的，另外还可以买价位低点儿的私家车，这样的话我也就成了有房有车一族，真正融入了这个城市。”在广州这座美丽的城市工作5年的王丽娜这样想，然而5年来，基金的收益并没有表现的像她期望的那样，现在的她甚至觉得有点失望。“不是说基金的收益会很高吗?所以我才把家里的积蓄全部投在里面，可现在基金表现出来的赢利能力真的让我很失望。”

现实中，很多投资者如王丽娜一样对基金的收益率存在过高的期望，认为基金可以给自己带来较高的收益，所以很多理财专家在演讲的时候反复强调投资基金只是家庭资产配置理财的一种方式，要想想自己的风险承受能力，过度投资的风险性是很高的，可能会给自己的资产带来损失。另外投资基金，最重要的就是长期持有，千万不要有博弈的心态，一旦市场价格下跌，投资者将会面临很大的损失。

有很多投资者并不清楚自身风险承受能力，风险承受主要包括风险承受力和风险忍受力两种，有些投资者可以承受几万元的损失，但却忍受不了几千元的损失，所以在购买基金的时候首先要考虑自身，然后才是基金的风险。

投资者在购买基金时要结合自身的风险承受能力以及自身的处境考虑，选择不同类型的基金进行组合，有效地规避基金带来的风险，实现最大化收益。

进行基金投资首先要对基金有个正确的认识，投资者要摒弃“基金只赚不赔”的错误观念，我们通过下面的几点来进行了解：

第一点，从基金在我国的长期十多年的发展中，我们可以看出基金是长期理财的最佳的投资工具。通过从 1998 年以来到现在的 2012 年基金的累计净值平均增长率可以看出，持有基金的时间越长，其获得的收益就越大。其 1998 年的基金和 1999 年的基金的累计净值平均增长率达到了 423.32%和 354.29%，可以得知基金的增长率要远远地超过银行定期存款利率，而且，还可以看出时间越长，其收益性就越大。

第二点，基金的种类不同，其收益和风险也是不相同的。股票型基金、封闭式基金和混合基金在基金市场上的收益是很高的，但也具有很高的风险，一旦价格下跌，损失将会惨重。而债券基金或者保本基金以及货币市场基金的收益和风险则相对较小，所以要熟悉基金的种类，了解和掌握它们之间的不同。

第三点，基金投资中，投机或者短期炒作是不可取的，从基金市场上来看，投机或者短期炒作95%的投资者都尝到了苦果。如果投资者选择的时机也不对，那么则需要很长的时间才能恢复元气。

从上面我们可以了解到基金的“只赚不赔”的说法是错误的，无数的历史事实告诉我们，世界上没有只涨不跌的基金市场，也没有必胜的投资大师，因此，投资者应根据基金的风险大小以及投资者自身的风险承受能力的不同，在基金以往的业绩和自身的投资方式之间寻找平衡点，寻找最适合自己投资的基金。

既然基金存在投资风险，投资者就要采取措施来规避风险，在长期的投资实践中，投资者总结出了几种方法来规避风险。

1.投石问路

投石问路指的是投资者对市场情况判断不明，如果这时投入过多的资金则有可能遭遇惨重的损失，在这样的情况下，有经验的投资者往往会选择将少量的资金作为试探性投资，以这笔资金购买的基金在市场中的表现来决定是否大量购买，“投石问路”的方法可以避免基金买进中的盲目性和失误率，从而减少财产损失或者被套牢的风险。

所以投石问路是基金投资中很好的规避风险的方法，要进行投石问路的投资，首先就要根据风险接受程度选择基金，如果风险承受能力高，就选择股票型或者混合型基金。其实要分散投资，即使是投石问路，也要注意规避风险。然后你要从几百家甚至上千家的基金公司中找出表现优秀的基金公司，过去业绩良好并一直保持的基金公司是首要选择。最后购买基金后，你要不断地学习有关基金投资的知识，关注基金的涨跌，并与指数的变动作比较，同时多从网上学习基金投资的理财理论，提高理财素养，这样的话，几个月后，你就对基金投资有了完整的概念和理解。

2.进行分散投资

一般来说，选择基金组合的方式进行分散投资，则有利于规避基金市

场带来的风险，很多投资者都是选择这种方式进行投资。如果把过多的资金压在同一支基金上，一旦市场表现不佳，则会使投资者遭受巨大的损失，所以对个人投资者来说持有两支或者3支基金数量是很好的选择，数量太多则会分散资金，同时增加投资风险，降低预期收益。数量太少则无法分散风险，赎回时也会变得很困难。

进行分散投资，有很多问题是要注意的。首先是建立投资组合，根据自己风险承受能力的大小选择适合自己的理财方式，一般来说，长期持有一支基金，靠平均报酬便足以获得丰厚的效益。其次是选择恰当的分散投资时机，如在预期市场反转走强或者基金基本面很好的时候便选择申购基金；在市场进一步稳定或者改善的时候进一步增持；在预期市场下跌或者其基本面开始转弱的时候，可以赎回基金。

3.长期持有

因为经济是不断地向前发展的，市场的大势是走高的，所以在理财的时候选择长期持有是一种非常有效的理财手段，时间越长，基金遇到风险可能性就越小。

有人曾经对市场分散投资组合做过调查，发现持有的时间越长，基金的风险就会越小，发生损失的概率就会越小：持有一天，下跌或遭受损失的可能性是45%；持有一个月，下跌或遭受损失的可能性为40%；持有一年，下跌或者遭受损失的可能性是35%；持有5年，下跌或者遭受损失的可能性降到10%，而选择持有10年以上，其发生下跌和遭受损失的可能性接近零，所以长期持有是一种很好的选择。

4.基金定投，平摊成本

目前很多基金公司都开通了基金定投的业务，投资者只需选择好基金，向基金的托管单位提出申请，选择设定每月定投的投资金额和扣款时间以及投资期限，办理完相关的手续，就可以等基金公司自动划账。目前许多基金可以通过网上银行设置基金定投，投资者足不出户，就可以完成所有的操作，只需动下鼠标。

基金定投还具有规避风险的作用，基金定投具有起点低、成本平摊等优点，目前基金定投每月只需几百元，而且基金定投不会花费大额资金，把每月的生活费用来投资便可以，长期坚持下去可以让你在三五年之后发现自己拥有一笔不小的钱，用来应付未来对大额资金的需求，而且，基金定投的时间越长，其收益就会越大。

在基金定投的时候，一般会有一个指定的账户作为每月固定的扣款账户，而且这个账户还是进行基金交易的指定资金账户，如果账户内资金不足，则会导致在自动扣款的时间内该月扣款不成功，因此，投资者应该在账户内投入足够的金钱以免未来出现不便。

所以，人们常常说“入市须谨慎”。投资者在决定入市后，对基金的风险要有所认识，千万不要把基金当做没有风险的投资工具，认为基金只赚不赔，作为投资的一种形式，基金也必然是存在风险的，只是投资风险和亏损的效率相对小点儿而已，而且在投资中尽量选择组合的方式，尽量降低风险，实现稳健收益，从而实现自己的理财规划。

随着理财观念的传播，现在越来越多的人加入到理财这个行列，对投资工具的了解也越来越深，很多人谈起理财来更是有着自己独特的一套见解，这是社会在进步的表现。在投资中，哪怕是基金投资中，也要认清只赚不赔只是一个神话，同时也要认清投资中的风险所在，学会用科学有效的方法来规避这些风险，实现赢利。

投资基金，这些事要刻在脑子里

“我是一个具有十多年投资基金经验的投资者，在这十多年中，我见过了基金市场几乎能出现的任何问题，我见过很多短线投资者惨败而归，见过很多频繁申购与赎回基金，其所得利息支付交易费用都不够，在十多年里，我申购新基金也申购过老基金，也参与过很多公司的分红，总的来说，基金市场是一个变幻莫测的场合，人们完全不知道下一刻会发生什么，我们所能做的是注意常常出现的那些问题，并找到合理的解决方案。投资基金，还是细心点为好。”基金市场上，一位有着十多年投资经验的张茉莉说。

就像张茉莉所说的那样，基金市场是一个瞬息万变的场合，人们完全不知道下一刻会发生什么、有哪些事情需要注意，但基金在中国十多年的发展中，投资者对基金中常常出现的问题列了出来，并在长期实践中找到解决问题的方法，下面就是这些常见的问题和解决方法，对早期投资者或者对基金了解不深的投资者有着很大的帮助。

首先是购买基金时需要注意的问题，包括如何在种类繁多的基金数目中选择合适的基金、基金的选择有哪些标准，以及选择新基金还是老基金等问题。

1.基金的选择首先要看的是它以往的投资业绩，以及近年来的年收益率等

虽然基金以往的成绩并不能代表基金在未来一段时间内的表现，但评价一支基金则往往是最好的证据，基金的短期排名不能够证明基金的好坏，如在 2005 年，有一支基金劲头强烈，当年入选基金收益效率前三名，然而不过短短的几个月后，这支基金的价格便一跌再跌，很多投资者被套牢，损失惨重，所以说短期并不能判断一支基金的好坏，而是需要三五年的时间，并结合最近时间内的基金表现作出选择。

2.在选择基金的时候不要把净值高低当做唯一的标准

很多刚入市的投资者认为，基金投资的是未来的收益，所以在申购基金的时候，其净值越低，上升空间便越大，收益也就越多，其实这一思路完全否决了基金的风险所在，并不是所有的基金都能够赢利，甚至会带来亏损。

事实上，基金的业绩除了与公司的规模、实力等相关，最重要的是与基金管理人的投资能力和风险控制能力相关，基金主要的收益来自基金管理人的投资收益，所以净值的高低所带来的影响是渺小的，甚至可以忽略不计。

3.新老基金各有优势

很多投资者在选择基金的时候，往往愿意选择老基金，因为老基金经验丰富，在多次投资中均获得了良好的收益，这样的老基金一般都形成了自己独特的投资体系，也有比较稳定的投资理念和风格，而且老基金的团队久经考验，彼此间配合得更加默契。在基金市场中，遇到各种各样的问题，老基金都具有足够的经验去解决。然而新基金同样具有优势，比如申购价格低、净值上升空间大、管理经验新颖等，所以在基金市场中，新基金和老基金并没有好坏之分，关键是要了解这些基金的特点，并结合自身的情况作出选择。

其次，是在投资过程中遇到的问题，比如基金的操作方法以及申购和赎回的时机等，这些问题在投资的过程中一定要加以注意。

4.在投资中，最好选择基金组合的方式规避风险，增加收益

“不要把鸡蛋放在同一个篮子里”的理财观念越来越得到人们的认可，随着理财观念的普及，分散投资的理念在投资者手里得到了应用。很多投资者手中常常也会有 3 支到 5 支基金，但有些投资者理解偏差，手中买了数十支基金。但基金组合和分散投资指的并不是数量的多寡，而是基金种类的不同。如把资金分散到股票基金、货币基金、债券基金、保值型基金上，

这样才能有效地规避风险，而不是专注在同一类型的多种基金上。

5.短线炒基金的做法是不可取的

因为生活的节奏越来越快，人心也变得浮躁，很多投资者很难坐下来耐心等待，因而在投资基金的时候采用短线炒基金的做法，利用基金价格的上下波动来申购和赎回基金，这样的投资其实是不合理的，往往会给投资者带来不必要的损失。

曾有一家基金公司对其旗下的一支基金做过一次调查，2012 年 3 月，市场处于低阶段性质，当日该基金的申购数量达到了 1000 笔；2012 年 5月，市场回升达到了高阶段，当日赎回基金达到了 2000 笔，然而能够同时做到低买高卖的只有 2 笔交易，这就说明能够准确把握价格的波动是多么困难，所以短线炒基金是不可取的。

所以在投资基金的过程中，不要选择短线炒基金的操作方式，既然选择了一支绩优基金，最好的操作方法就是长期持有，这样才能有效地规避风险，增加收益。

6.不要频繁申购与赎回基金

作为一种长期持有的理财工具，投资基金最好不要频繁地申购和赎回，因为在基金市场中，申购和赎回是要缴纳一定的费用的，约占交易额的 1.5%~3%，频繁地交易会使自己投资的利润减少，甚至会带来资产的损失，所以即使是基金的回落期，别的投资者赎回基金，你也不要慌张。基金回落，并不会导致基金净值的下降，所以不要担心你手中的基金会贬值，实际上，会有更多的人以更高的价格参与进来，你的基金实际上是上涨了。

当然，天有不测风云，人有旦夕祸福，人们都会有缺钱的时候，这个时候赎回基金是可以理解的，当然还会有其他情况，如自己理想的收益目标达到了或者另外发现了很好的理财方式甚至是想彻底离开证券市场，这样的情况都是可以理解的，但在正常的投资状况下还是不要频繁地申购和赎回基金。

7.既然基金是一种长期的理财工具，那么选择基金后最好选择长期持有

长期持有最少有两大好处：首先，长期持有简化了或者减少了操作成本，如申购费和赎回费，申购费和赎回费占投资的1.5%~3%的交易费用，这是一笔不小的开支，而长期持有可以避免频繁操作的交易成本，更可以减免赎回费用，无形中就节省下很多费用；第二个好处是不用费太多的精力和时间来关注基金的价格上涨或者下跌，使你有足够的时间去处理自己的工作，所以在选择一支绩优基金后，最好的方式就是长期持有，只有这样才能避免风险，增加收益。

在基金市场中常见的问题就是上面的这些，相信通过对这些问题的学习，在基金市场你就能够对各种问题应付自如，娴熟地解决可能会给你带来财产损失的问题。在投资基金的过程中，一定要学会细心，把上面的问题记在自己的脑海里，这样你才不至于在遇到突发问题时手足无措，此外在平时的投资中，一定要多向有经验的投资者学习，毕竟“世事洞明皆学问，人情练达即文章”和“三人行，必有我师”，只有抱着这样的心态，你才会很快地掌握理财所需的知识。

15

股票:股市只爱懂它的人

在股票市场上有许多许多的奇迹在发生，不少人“一夜暴富”或者在短期内实现较高的收益。但在光鲜的外表背后，一夜间从富翁变穷人的事件也是屡见不鲜，所以，投资者对股票是又爱又恨，但成熟的股票投资者总能从风云变幻的股票市场中获得想要的收益。这些成功的投资者都是真正懂股票的人，而股市只爱懂它的人。

了解一下股票的分类

“我再也不想投资股票了……”何小宁向自己的老公牛大宇抱怨道。

“怎么了?上午还兴致勃勃地说要去买股票，怎么一转眼回来就这么委屈。”牛大宇问道。

“我在股票交易所里站了半天，听身边的人在谈论什么A股、N股、一线股、二线股、配股，还有什么优先股、法人股等，听得我头脑发晕，这些五花八门的名称，我是一点儿都不了解呀!”何小宁抱怨说。

“原来是这个，我已经在网上找到资料并打印出来了，正等你回来学习呢!”牛大宇说。

虽然股票在我国起步较西方国家晚，但在几十年的发展中，我国的股票也是种类繁多、五花八门，刚入股市的投资者往往就会像故事中的何小宁一样头晕转向、不知南北。在我国，股票有按照股东权利分类、按票面形态分类、按股投资主体分类、按上市地点或者按公司业绩分类，这样逐层分下来，股票的种类就显得多种多样，令人眼花缭乱。下面我们详细地来了解一下股票的种类。

首先是按照上市的地点和面对的投资来分，那么股票的种类在我国有A股、B股、H股、N股、S股等。

A股，顾名思义是指人民币普通股票，它是由我国境内的公司发行，供境内机构、组织或个人(不含中国台、港、澳投资者)以人民币认购和交易的普通股票。

B股的正式名称是人民币特种股票，它是以人民币标明面值，以外币认购和买卖，在境内(上海、深圳)证券交易所上市交易的外资股。在深圳交易所上市交易的B股按港元单位计价；在上海交易所上市交易的B股按美元单位计价。它的投资人限于：外国的自然人、法人和其他组织，中国香港、澳门、台湾地区的自然人、法人和其他组织，定居在国外的中国公民、中国证监会规定的其他投资人。现阶段B股的投资人主要是上述几类中的机构投资者。B股公司的注册地和上市地都在境内，只不过投资者在境外或在中国香港、澳门及台湾。

H股即注册地在内地、上市地在香港的外资股。取香港的第一个英文字母，在香港上市的外资股就叫做H股。以此类推，纽约的第一个英文字母是N，新加坡的第一个英文字母是S，纽约和新加坡上市的股票分别叫做N股和S股。

其次按投资主体来分，我国上市公司的股份可以分为国有股、法人股和社会公众股。

国有股指有权代表国家投资的部门或机构以国有资产向公司投资形成的股份，包括以公司现有的国有资产折算成的股份。由于我国大部分股份制企业都是由原国有大中型企业改制而来的，因此，国有股在公司股权

中占有较大的比重。1978 年，我国实行改革开放，多种所有经济体制存在我国的市场中，而国家则通过控股方式，用较少的资金控制更多的资源，巩固了公有制的主体地位。

法人股是指企业法人或具有法人资格的事业单位和社会团体以其依法可经营的资产向公司非上市流通股权部分投资所形成的股份。目前，在我国上市公司的股权结构中，法人股平均占 20%左右。根据法人股认购对象的不同，可将法人股进一步分为境内法人股、外资法人股和募集法人股 3 个部分。

社会公众股指股份公司采用募集设立方式，设立时向社会公众(非公司内部职工)募集的股份。

我国国有股和法人股目前还不能上市交易，国家股东和法人股东要转让股权，可以在法律许可的范围内经证券主管部门批准，与合格的机构投资者签订转让协议，一次性完成大宗股权的转移。由于国家股和法人股占总股本的比重平均超过 70%，在大多数情况下，要取得一家上市公司的控股权，收购方需要从原国家股东和法人股东手中协议受让大宗股权。

再次是根据股票交易价格的高低，股票还可以分为一线股、二线股和三线股等种类。

一线股通常指股票市场上价格较高的一类股票，这些股票业绩优良或具有良好的发展前景，股价领先于其他股票。大致上，一线股等同于绩优股和蓝筹股。一些高成长股，如我国证券市场上的一些高科技股，由于投资者对其发展前景充满憧憬，它们也位于一线股之列。

二线股是价格中等的股票，这类股票在市场上数量最多。二线股的业绩参差不齐，但从整体上看，它们的业绩也同股价一样，在全体上市公司中居中游。

三线股指价格低廉的股票。这些公司大多业绩不好、前景不妙，有的甚至已经到了亏损的境地。也有少数上市公司因为发行量太大，或者身处晚期行业，缺乏高速增长的可能，难以塑造出好的投资概念来吸引投资者。这些公司虽然业绩尚可，但股价却徘徊不前，也被投资者视为三线股。

然后按票面形态分类，股票还可以分为记名股、无记名股、面值股等种类。

记名股是指股票上有股东的名字，并在公司的股东名册上可以查到。这种股票最大的特点是除了股东本人以及其配偶、继承人、受捐人外，其他人都不能行使其股权，这种股票显然具有安全、不怕遗失的优点，但转让手续很烦琐。

无记名股则是股票上没有记载股东的名字，其持有者可以自行转换，一旦拥有公司的股票，就可以成为这家公司的股东，优点是转让快、手续费用低。

面值股则是指有票面金额的股票，这样的股票很容易计算出每一份股票在公司发行的股票总数中所占有的比例。

最后，在实际生活中，还有配股和转配股等股票种类。

配股是上市公司根据公司发展的需要，依照股票发行的有关规则和程序，向原股东进一步发行新股筹集资金的行为。一般来说，公司发行新股票时，原股东拥有优先认购权。

转配股是我国股票市场特有的产物，是指法人股的持有者放弃配股权，将配股权有偿转让给其他法人，这些法人按照相关规定申购这些股权，成为新的股东。

通过上面的了解我们知道，虽然股票的种类繁多，但我们只要细心点就可以掌握其各种种类以及它们之间的区别，对股票有一个正确的、全面的认识，当然，这是进行股票投资的第一步，我们需要了解的东西还有很多。但现在通过对上面股票种类的了解，我们对股票有了一个清晰的认识，这是进行股票投资必须要走的第一步。

什么是普通股和优先股?

“听说你购买某公司的股票了……”刚下班,小王问自己的同事李丁。

“是啊,我购买了一些优先股。”李丁说。

“优先股?为什么不购买一些普通股呢?”小王不解地问。

“害怕承担风险,我还要负担房贷,投资普通股怕财产遭到损失,因而选择相对稳定的优先股。”李丁回答说。

“祝你好运。”小王说。

在上一节中,我们没有介绍普通股和优先股,这两种股票是目前股票市场最普遍、最常见的股票种类,很多股份制公司发行的就是这两种股票,从上面的对话中,我们可以了解到普通股的风险要明显高于优先股,优先股和普通股二者究竟有什么区别呢?我们从其含义、特征和对公司的意义等方面进行介绍。

首先介绍普通股,即是随着企业利润变动而变动的一种股份,它是股份企业资金的基础部分,也是发行量最大、最重要的股票,当然也是风险最高的股票。

股份制公司刚上市的时候,最初公开发行的大多数是普通股票,因为对股份制公司来说,通过普通股票筹集的资金是公司资产的最基础的部分,所以普通股票也就成了股份制公司资本构成中最基本的也是最重要的股份。

在股票市场上最常见的、最普遍的且数量最多的就是这种普通股票。申购普通股票时,其投资收益事先是不固定的,而是根据公司的运营状况和公司的业绩来决定的,如果公司发展趋势好、业绩好,普通股的收益就会很高;一旦公司经营状态差、业绩差,普通股的收益就会降低;万一遇到经营不善的年头,就可能面临颗粒无收的状况,或者连本也赔掉,所以普通股也是风险最大的一种股份。

在股份制公司中，普通股的持有者按其所持有股份比例享有基本权利。购买股数多的人甚至还可以进入公司的董事会，参与公司日常的运营以及事关公司战略发展的重大决策，拥有超过公司一半的股权，甚至可以参与公司任何决定。在股份制公司，所有的股东都是以股权的大小来参与公司的决定的。普通股的持有者在股份制公司主要享有下面的权利。

（1）利润分配权。经过一段时间的经营后，公司获得良好的收益，但公司的利润首先要用来支付银行的债息，然后是优先股的股息，最后才是普通股的股息。股东按照拥有股数的多少来收取股息，但利润并不是固定的，根据每年公司的经营状况上下波动。

（2）剩余资产分配权。当股份制公司申请破产或者进行结业清算的时候，普通股股东有权利在公司的债权人、优先股股东之后才能分得财产，财产多时多分，少时少分。

（3）公司决策参与权。公司日常任务的决定由董事会进行决定，但在事关公司发展的大问题上就必须召开股东发布会，普通股股东一般都拥有发言权和表决权。股数的多少决定了你的投票权的大小，如普通股股东持有一股便有一股的投票权，持有两股者便有两股的投票权。

（4）优先认股权。当公司为了发展或者扩大业务，按照相关规定发行新股票，现有的股东拥有优先股买的权利，甚至可能还会有优惠，以保持在公司所有权的百分比不变，维护公司秩序和股东的权益。

假设公司发行10万股票，而你拥有1000股，拥有公司所有权的1%，为了开展海外业务，公司决定增发10%的普通股，即增发10000股股票，那么你就有权以低于市价的价格购买其中的1%，即100股，以便保证你在公司所有权的比例不会改变，维护自身的权益。

其次是优先股，优先股是相对于普通股而言的，是股份公司发行的在分配红利和剩余财产时比普通股具有优先权的股份。相比较普通股，优先

股的风险相对小了点儿,但在市场看涨的情况下,其收益较低,但优先股具有收益稳定的特点,因而受一些保守的人追捧。

在股份制公司中,优先股可以分为累积和非累积、参与与非参与、可转换与不可转换、可赎回与不可赎回等种类。

(1)累积优先股和非累积优先股。累积优先股是指股息历年累计叠加的优先股,换句话来说就是指公司在任何年度未支付的股息可以在以后的营业年度的赢利一起支付,具有利复利的特点。非累积优先股是指不能累积的股息一年一发或者根据其约定发放股息。如果公司的经营状况不好,赢利不足以支付股息,则在以后的年度中,公司不给予补偿。很显然,累积优先股很有优势。

(2)参与优先股与非参与优先股。参与优先股是指除了获得事先约定的股息外,还有权与普通股股东一起参与公司剩余赢利的权利。参与优先股又可以分为全部参与优先股和部分参与优先股两种。全部参与优先股有权与普通股一起等额分享本期的剩余赢利,其收益没有上限规定。部分参与优先股则规定了收益的上限,但它与非参与优先股相比,仍有获得相对高的收益的优势。

非参与优先股,即一般意义上的优先股,是指除了按规定分得本期固定股息外,无权再参与对本期剩余赢利分配的优先股票。

(3)可转换优先股与不可转换优先股。可转换优先股是指允许优先股持有人在约定的条件下把优先股转换成为一定数额的普通股,否则,就是不可转换优先股。

(4)可赎回优先股与不可赎回优先股。可赎回优先股是指在发行后一定时期内可按特定的赎买价格由发行公司收回的优先股票。可赎回优先股有两种类型:一种是强制赎回,即在公司有意收回股票时,股东别无选择而只能交回股票。另一种是任意赎回,即股东享有是否要求股份公司赎回的选择权。不可赎回优先股是指发行后根据规定不能赎回的优先股票。

优先股在股份制公司中具有以下的特征：

（1）由于优先股的股息是在股票发行之前确定，优先股的股息不以公司经营情况的好坏而增减，而且不参加公司的分红。对公司来说，由于优先股股东并没有参与公司经营的权利，并不影响公司的日常经营和利润分配。

（2）优先股股东一般没有选举权和被选举权，对股份公司的重大经营决策无投票权，但在某些情况下可以享有投票权，是一种权利较小的股票种类。

（3）在股份公司，分派股息的顺序是优先股在前，普通股在后。公司一旦决定派息，最首先享受股息的是优先股，然后才是普通股，即使在经营不好的年度，优先股也是享有优先分配的权利。

（4）股份公司在破产或结业清算时，优先股持有者具有公司剩余资产的分配优先权。不过，优先股持有者的优先分配权在债权人之后，只有还清公司债权人的债务之后，仍有剩余资产时，优先股持有者才有分配权，然后是普通股。

优先股和普通股是股票市场中最常见、最普遍的股票种类，在股市中拥有很大的影响力，通过上面的介绍，我们对普通股和优先股特征以及二者间的区别有了鲜明的认识，相信在以后的投资中，根据自身的情况和对股票的了解，能作出一个适合自己的合理的理财决定，从而实现自己的理财目标。

投资股票第一步：选股

在课堂上，风度翩翩的教授正在讲解股票的价格分析方法，这时一位学生站起来问道："老师，请您告诉我，购买哪支股票能够赚到钱呢？"教授看了眼学生笑着回答说："如果我能准确地知道哪支股票赚钱，哪支股票赔

钱,我早就到华尔街去了。”

从上面的案例中,我们可以看到即使以教授学富五车的才华面对市场上令人眼花缭乱的股票也是很难作出选择的,可以得知正确地选股是一件多么困难的事情。进行股票投资,要走的第一步就是买进一定品种、一定数量的股票。

股票投资最重要的一点就是选择好股票,而如今股票的种类越来越多,究竟选哪支股票成了关键的问题,如何买、怎么买、买什么,这是投资者在进行股票投资前需要解决的问题。

股神巴菲特早年时以1000美元起家,通过不断地投资股票而拥有数百亿美元资产,曾一度超过比尔·盖茨成为世界首富。在巴菲特多年的股坛生涯中,他选过或者换过的股票就有200多种,40多年中,其投资实现300亿美元的利润,他所投资的股票回报率更是高达50多倍,成为股坛上没人超越的神话。巴菲特在投资中所用的操作方法就是选择好股票,然后长期持有。

我们都知道,股票投资最关键的就是选择好股票,然后长期持有。巴菲特曾经透露过自己选择股票的秘籍,那就是选择优秀的大公司。那么什么是优秀大公司的标准呢?应该就是业务清晰易懂、业绩持续优异、由能力非凡且为股东着想的管理层来经营的大公司。根据巴菲特所说的内容再与我国的股票市场相结合,对于投资者们应该如何对股票进行选择,我们大致列出了几条选股建议。

首先是从目前股票市场令人眼花缭乱的股票种类中选择出具有代表性的热门股。热门股即在一段时期内表现活跃、被投资者所注意并且交易金额较大的股票,在我国,热门股有石油、资源、电力等国家垄断或者具有不可代替性的特点,热门股因其交易活跃,所以做短线时获利的机会较大,抛售变现的能力也很强。

其次,是选择业绩好、股息高的股票,其特点是具有较强的稳定性,无论股市发生暴涨或暴跌，都不大容易受影响，这种股票尤其是对于做中长线者最为适宜。考察的过程要注意股票在过去的3~5年间的涨跌规律以及近期的表现，通过分析得出理智的结论。

再次，是选择知名度高的公司股票，要考察一个公司可以从企业管理者的素质、企业的财务报表、企业的产品周期和新产品的情况来进行分析。企业竞争其实说到底就是人才的竞争，同样的条件，同样的公司，由一个高素质的管理者来带领这个团队，企业一定会快速地发展，实现赢利目标，我们买股票，就是买上市公司的未来。一个优秀的管理团队势必带出一个高成长性的上市公司。我们可以通过很多渠道，比如互联网、报刊等得到管理者的信息。

上市公司的财务报表是公司的财务状况、经营业绩和发展趋势的综合反映，是投资者了解公司、决定投资行为的最全面、最可靠的第一手资料，而企业的产品周期以及新产品的情况也是了解企业竞争力的重要内容。

最后，选择稳定成长的公司股票，首先要了解该公司所属行业及其所处的位置、经营范围、产品及市场前景；公司股本结构和流通股的数量；公司的经营状况，尤其是每股的市盈率和净资产；公司股票的历史及目前价格的横向、纵向比较情况，如果所有的这些都向着良性方向发展，那么这类公司就是你找的优秀的公司，其经营状况好、利润稳步上升，所以这种公司的股票安全系数较高，发展前景看好，尤其适于做长线者投入。

在长期的投资实践中，投资者还总结了很多选股的小技巧，这些小技巧使我们在面对种类繁多的股票中能够为我们节省大量的宝贵时间和减少精力的浪费，是值得学习的。

(1)选择自己熟悉的股票。自己熟悉的股票，如果有风吹草动，便于及时地采取措施灵活的防范，如公司有利好时可以快人一步抢进，利空来临则抢先出逃。总之，选择股票一定是越熟悉越好。

(2)选择题材股。题材股善于炒作，必然会引起一些大客户的注意，这

样能增加股票的资本,实现股票价格上涨的趋势。

(3)选择那些不著名但成长性好的上市公司。这些公司一旦具有良好的发展战略和好的管理团队,其发展可能会一跃千里,是潜在的大黑马,比如我国股市中"创业板"中就有极大的可能潜伏着几只黑马。

(4)关注上市公司在行业中的地位。公司的地位虽然不能代表就会赢利,但地位超前的公司有极大的可能获得良好的效益,因为其经营规模大、资本雄厚、拥有一流的技术和较强的抵御风险能力,即使遇到困难,也会有办法解决,在遇到经济回暖后,公司的股票价格就会上涨。

(5)选择大手成交的股票。成交量大的股票一般都是比较热门的股票,是被千万投资者所注意的股票,也就是说这支股票有人气,人气的表现就是股票的成交量。这时在市场中,如果某个个股成交量放大,而且抛出的筹码被大手承接,很明显是有主力介入,股价稍有回调即有人跟进,这类个股无疑就是明天的黑马,是进行投资的最好的股票之一。另外还需要注意的就是换手率高的股票,换手率高则说明这支股票有庄家在呵护,未来在走势上肯定有出众的表现,价格飙升。

(6)选择逆市上行的个股。股票敢于逆市上行,说明庄家资金雄厚、操盘手法娴熟,且这类个股多数都有一定的优势或者题材,所以庄家才敢逆市坐庄,而且这类股票往往都是强势股,值得看好和投资。

股市市场风云变幻,刚才还是阳光普照,瞬间便是大雨磅礴,所以学会选股是非常重要的一件事,虽然目前股票市场的股票种类五花八门,令人眼花缭乱,但只要有选择股票的原则性法则和一些辅助的小技巧,我们就能从这些五花八门的股票中选出真正优秀的股票,实现赢利,实现理财规划目标。

选择买入时机：好的开始是成功的一半

股市是一个高收益的投资选择，同时也是个风险无时不在、无处不在的投资场所。作为刚刚步入投资理财大门的年轻人来说，对于股市中的很多“门路”还不太清楚，一旦抱着模棱两可、糊里糊涂的状态进入股市，势必会赔本。我们买股票主要是买“未来”，希望自己的选择能够为自己赢利，所以在进行股票投资时，就必须要知道炒股的几大重要因素——量、价、时。

在这里，我们重点强调一下“时”，即买入股票的时机。股票买卖时机的选择正确与否，往往直接决定着你的收益。正所谓好的开始是成功的一半。如果买的时机对了，哪怕股票选得差一些，也可以坐享抬脚之乐，让自己赚到钱；相反，如果买的时机不对，哪怕你选对了股票，也有可能被套牢。那么，作为初次炒股或是投资股票时间不长的新手来说，如何把握股票的买进点呢？下面有几方面的内容可供参考：

(1)根据消息面，判断短线买入时机。一般来说，当大市处于上升趋势初期出现利好消息的时候，就要尽快买入股票；当大市处于上升趋势中期出现利好消息时，应该逢低买入；当大市处于上升趋势末期出现利好消息，就要逢高出货；当大市处于跌势中期出现利好消息，短线可少量介入抢反弹。

(2)根据基本面，判断买入时机。股市与国民经济之间有着密不可分的关系，它时刻反映着国民经济的状况。在国民经济持续增长的大好环境影响下，股市长期看好，大盘有决定性的反转行情，要坚决择股介入。

如果你打算长期投资一支个股，那也要观察它的基本面情况。一般来说，根据基本面，业绩属于持续稳定增长的态势，那完全可以大胆介入；如果个股有突发实质性的重大利好，也可择机介入，等待别人来“抬轿”。

(3)根据行业政策,判断买入时机。平时多留意国家对某个行业的政策以及行业特点等情况,买入看好的上市公司。比如,国家重点扶持的农业领域、科技领域,在政策的影响下,此类具有代表性的上市公司就是买入的群体。

(4)大盘暴跌时,是中短线的最佳买入时机。以沪深股市的大盘来看,每年都会出现数次急跌或者暴跌的情况。但是,不管是什么原因导致的暴跌或急跌,都是中短线较佳的买入时机,后市往往都会出现强劲的反弹或上涨情况。所以,大盘暴跌时是难得的买入时机,也是一次财富分配的大好机会。

(5)股价突破历史天价时,是最佳买入时机。当股价突破历史天价时,往往表明这支股票已经没有了套牢盘。不管持有该股的投资者买入的时间长短,都能够赢利。这支股票之所以能够创历史新高,能够将所有套牢盘变为获利盘,必定是有庄家甚至强庄入驻。庄家解放所有投资者的目的,当然不是让自己套进去,肯定是为了获得更多的利润,再将投资者套进去,所以说,这支股票还会继续上涨,甚至涨至让人匪夷所思的程度。庄家敢这样炒股,肯定该股有重大利好的配合,因此,当一支股票突破历史的天价时,就是买入的好时机,一般后市都会上涨,至于涨多少、涨多长时间,那就要根据庄家的意愿和题材的大小,或是大势的配合而定了。

所有投资人追求的最高境界都是“低价买进,高价卖出”,看到上面介绍的这些经验,你或许已经发现了,其实这里面的玄机就在于选择正确的买卖时机。当然,仅仅知道这些要点还不够,重要的是积累经验,平日里多了解一下专题节目的分析,多注意财经新闻,慢慢地摸索实践。随着你涉足股市时间的增长,你的经验就会越来越丰富。

把握卖出时机：别想在一支股票上大赚特赚

2010年秋，出于对股市的良好愿望，李继峰带着自己的全部积蓄5万元在证券公司开了户。李继峰在大学里学的就是财经专业，具备一定的证券市场知识，对证券投资的方式和问题也是比较娴熟的。毕业后，他又在一家报社从事证券信息编辑工作，平时接触股市的信息很多，而且他还在报纸上发表过很多文章，很受股民的称赞，因此李继峰很自信，他觉得自己在股市里肯定能够捞到金。刚开始时，他尝试着买了几支股票，由于当时市场良好，其股票的价格水涨船高。初入股市便尝到了甜头，李继峰开始扬扬得意起来。

然而，随后购买的一支股票让李继峰懂得了把握卖出时机的重要性和别想在一支股票上大赚特赚的想法。那年12月份，李继峰在朋友的推荐下以8.36元的股价买入某支股票好几千股，之后该股票一路走高，到2011年的时候，这支股票曾经一度涨到30多元一股。在这期间，朋友多次劝他把股票卖出，可李继峰认为基于良好的分红预期，股票还有很高的升值空间，该股票还将继续往上涨。然而与预想相反，之后这支股票一路走低。虽然在走低的途中，这支股票有几次反弹到30多元，但李继峰坚持自己的信念，认为股票一定还会再涨，所以他并没有趁着这次反弹的时机卖出，结果年后，他只好以每股9元钱的价格清仓了结。李继峰感觉自己好像是坐了一趟过山车，从哪来又回到了哪里，心里感到很难受。

在这次博弈中，李继峰抓住了飙升的大黑马，可最终并没有得到应有的回报，其原因就是因为过于自信、对股票的期望过高，从而导致他没有选择正确的卖出时机，让自己和高昂的效益擦肩而过。

在股票市场中，犯这种错误的人不在少数，尤其是刚入股市的投资者，

这些投资者因为没有经验，对股市的风险意识淡薄，对股票的期望值太高，内心的贪婪总是促使他们想在短期内在一支股票上大赚特赚，然而结果往往不尽如人意，到嘴的肥肉非但没有吃到，反倒让自己的资产损失不小。

很多投资者事前都在如何选择股票和买股票上下了充足的工夫，但却忽略了如何选择恰当的时机卖出股票，这是一个很不好的习惯，与买股票一样，卖股票同样也是一门大学问，是值得投资者花时间进行了解的，并在实践中逐渐掌握。事实上，一个真正成功的投资者既懂得买股票，也懂得在适当的时机卖出股票，成熟的投资者从来都不会幻想在一支股票上大赚特赚，而是时机一到立即果断撤出，不拖泥带水。

在投资前，投资者一般会有一个成熟的理财计划，这个理财计划中提出了投资股票的目标，所以在投资的过程中，一旦市场给予利润率达到投资者理想的收益，而这个时候很明显市场价格进一步上升的空间非常小，这就是卖出股票的最好时机，而且在这个时刻一定要有良好的心理素质，不要贪婪，学会见好就收。

股市在我国虽然是个新生事物，目前在我国已经发展了 30 多年，30 多年中，有很多投资者变成了专业散户，散户购买股票的水准很高，他们会买、会卖，知道什么时期该做什么事情，总而言之，专业散户在股票市场中总能挣到钱，而且他们对卖出股票的时机把握得很准，很多投资者都向专业散户求经问道。

把握正确的卖出时机对股票投资者而言至关重要，是投资者投资能否赢利的决定因素，但面对股票市场瞬间风云变幻的场景，我们应该如何练就一双慧眼，从变化莫测的市场中找到卖出时机的端倪，下面是专业散户总结的几条卖出时机的经验。

1.大盘行情形成大头部时，坚决清仓全部卖出

股票价格的上涨或者下跌与上证指数或深综合指数有关，有经验的投资者在指数大幅上扬后，形成中期大头部时，就选择卖出股票。虽然不少证券专家认为这种说法不科学，是一种只见树木不见森林的做法。然而，根据股票市场以往的表现，大盘形成大头部下跌，竟有 90%~95%以上的个股形成大头部下跌；大盘形成大底部时，有 80%~90%以上的个股形成大底部，我们可以看出大盘与个股的联动性相当强，虽然有少数个股敢逆市上扬，这仅仅是少数，而且从股市中找到这种逆市的个股的概率很低，因此，大盘一旦形成大头部区，就是果断分批卖出股票的关键时刻。

2.大幅上升后，成交量大幅放大，是卖出股票的时候

当股价大幅上扬，持有者获得丰厚的利润，如果有一天在该股价格上涨的过程中出现很多卖单，而且数目庞大，比如一天内连续出现抛售几十万股的情况，那么很有可能是主力大户在抛售股票，这个时候是卖出股票的最佳时机。虽然此时股票的价格还在上涨，还有很多投资者在买进，但这支股票的底子已被抽之一空，涨幅过后就是下跌，没有主力拉抬的股票，其价格难以上扬，紧靠中小投资者是很难抬高股价的，股价大幅上涨后，除权日前后是卖股票的关键时机，所以要把握好时机卖出手中持有的股票。

3.上升较大空间后，日 K 线出现十字星或长上影线的倒锤形阳线或阴线时，是卖出股票的时候

股市价格上升后，日 K 线小现十字星，反映买方与卖方力量相当，过段时间，局面将由买方市场转为卖方市场，高位出现十字星，这意味着市场将发生转折。在股价大幅上升后，将会出现带长上影线的倒锤形阴线，反映当日抛售者多，若当日成交量很大，更是见顶信号。许多个股形成高位十字星或倒锤形长上影阴线时，这时有相当高的概率形成大头部，是果断卖出股票的时机。

4.该股票周 K 线上 6 周相对强弱指标即 RSL 值进入 80 以上时，应逢高分批卖出

买入某支股票，若该股票周 K 线 6 周 RSL 值进入 80 以上时，几乎有 90%的概率构成大头部区，是强烈的卖出信号，可逢高分批卖出。

当然，以上的这些方法并不是完全之法，尤有不完善之处，因为股票市场变化莫测，谁也无法有真正的准则来判断是否卖出时机，因此这些方法在使用的时候一定学会灵活处理而不是机械地运用。

此外，投资者需要一副好的心态，不贪婪、学会冷静，保持平和的心态，同时摒弃在同一支股票上大赚特赚的想法，明白期望在最高点卖出只是一种奢望，在投资的过程中，一旦出现强烈的卖出信号，就要果断地抛出，不拖泥带水，这样才能避免财产损失，实现理财目标。

练就解套能力，才能多赚少赔

在佛教中，流传着一个叫"透网金鳞"的故事。

两个和尚在河边散步，看到了一位渔人在那里撒网捕鱼，渔人把很多鱼捕到了网里边，有的鱼生命力比较薄弱，因此放弃了挣扎，但仍有很多鱼在网里边挣扎、跳跃，最后从网里边跳了出去。

于是，其中年纪比较大的和尚说："美哉！俊哉！透网的金鳞。"就是说这鱼已经被抓到网里，却还能逃出来真是太好了。

另外一个和尚说："何以当初不曾入网？"就是说如果这些鱼当初没有被抓捕不是更好吗？

年长的和尚反驳道："你欠悟哉。"就是说你缺少觉悟，那些没有入网的鱼，一旦被抓住，能不能逃出来，都是一个大问题。

很多投资者在听到这个故事时都会受到启发，因为在投资股票的过程中，每个人都难免有被套的一天，不知道现在就有多少投资者被"网住"逃不出来，所以想在股市搏击中取胜，跳出熊市的"网"，为自己解套，就必须练就一种金鳞透网的本事。

在股票市场中，任何一个投资者，无论是新入市或者资深的投资者，甚至很多国际投资大师都难以避免被套的结果。然而，有经验的投资高手往往很快就会从被套中解脱出来，而众多经验一般的投资者却可能陷入到长期被套的泥潭之中。

在股市一路高涨的那段时间，几乎进入到股市的投资者都能挣到钱，然而不久后，也就是在股票指数达到6214点之后，股票的价格便一路下跌，投资者更是苦不堪言，赚了指数不赚钱，过半的股民其实并没有赢利，尤其是在后来席卷全球的金融危机的影响下，很多投资者被套牢了，A股的走向更加扑朔迷离，被股市"网住"的众多投资者都不知道如何穿网逃出，为自己解套。然而，还是有些投资大师轻松地化解了自己面临的危机，避免了财产损失。

在长期的股市实践中，投资大师练就了强劲的解套能力，从而避免了财产损失，而众多的投资者只是经过多次被套的经验后，慢慢地摸索出解套的方式。当然从本质上来说，这就是投资者炒股水平高低的问题。

世界级的投资大师索罗斯就曾经在股票市场中被套牢过，经过那次经验，索罗斯很快就总结出自己解套的方式。他说："投资的关键是懂得如何生存，学会死里逃生。"他指出，"在证券市场，你不要一条路走到尽头。当发现情势不对时，要及早退出，哪怕损失了一些钱，你也别老想着马上要捞回来。这种时候，保存实力是最重要的。每个人都有自己的局限性，虽然投资者不能确定自己何时对股票的选择是正确还是错误，但在发生错误时，要宁早勿晚地撤出投资。"

在股市中被套牢就好比毒蛇咬了一个人的手指，刚被咬时，你只要迅速斩掉这个小手指头即可，若是一味犹豫不决、优柔寡断，蛇毒就会慢慢流遍全身，从而致人死亡，所以在遇到被套的情况，一定要保持冷静，果断地实施解套的方案，以免咬一口而腐全身，得不偿失。

1996年初，李伟家毕业后就在家人的资助下进入股市，投入20万元买了某支股票，到2000年，他的20万已经变成了40万。然后他把股票抛售，

买了一支新股，在刚开始时期，新股的价格涨得飞快，但李伟家并没有选择卖出。

然而，在2002年年初，李伟家的股票就被套住了，直到2007年，那段时间里，其他的股票都在飞涨，唯独这支新股半死不活的，他只好“割肉”解套。然而，自从进入2008年，股价一跌再跌，李伟家的股票又被套牢了。

所以很多投资者说，在证券市场中想的并不是如何实现赢利，而是如何在一次大震荡中活下来。很多人都是在一次次被套牢的过程中练就了解套的能力，慢慢地才在股市中多赚少赔，实现赢利目标。

面对跌宕起伏的股票市场和随时可能被套的风险，投资者们渐渐采用定期定投的方式为自己解套。一次性投资固然痛快淋漓、利落，隐含着的却是更大的风险，虽然采用定投的方式短期内很难见效，却能积少成多、细水长流。

所以定期定投被投资者誉为“懒人的聚宝盆”，节省时间和精力、风险小且收益稳定，但是定期定投还是有很多问题需要投资者注意的，在定期定投前多做准备。

（1）平和的心态最重要。定期定投和其他投资方式不同，定期定投是一项长期投资的方式，所以短期炒作或者投机都不会带来很大的收益，或者抱着恐惧和贪婪的心态来面对它是不可取的。既然选择了定期定投，就要有耐心，有平和的心态，这样才能降低成本，实现最大化收益。

（2）定期定投，要以自身的财产为依据选择合理的定投金额。定期定投的金额首先不能影响到你的正常生活，在作决定的时候，根据自己每月的收支情况计算出能够节省下的资金，然后再决定每月扣款的金额。

（3）严守纪律。定期定投虽然形式简单，但是也要严格地遵守股市的相关规定。投资者在确定了投资目标和投资期限后，在规定的时间内，投资者的账户应该是有一定数目的金额，以免出现扣款不成功的局面。

（4）切勿追涨杀跌。很多投资者在股市低迷的时候往往因受不了考验而选择停止扣款，其实在股票市场的情况下就是最好的投资时机，这个时间，股票净值常常会出现缩水，也就是说同样的资金能够买入更多的股票，这样在股市回暖的时候，便能获得更多的收益。

(5)学会坚持。时间是规避一切风险的最好武器。定期定投长期投资的时间复利效果分散了股市多空、净值起伏的风险，从而实现了均衡成本的目的。从经济学的角度来看，经济的发展是不断向前的，其市场也是不断地向前发展的，这样看来，股票拥有的时间越长，其风险就会越低，获得的收益也就越高。

投资者想在股票市场上多赚少赔，就需要练就解套的能力，有了这种能力，无论熊市还是牛市，你都能够应付自如，实现赚钱。然而，没有这种能力，你在股市将会遭遇更大的损失，甚至被迫退市。在变化莫测的股票市场中练就了解套能力，你就会任凭风浪起，稳坐钓渔船，早日实现赢利目标。

想在股市淘金，就得会躲风险

2007 年 5 月 30 日，狂跌的股市给那些充满着期待的股民们上了一堂精彩的风险课。由于政策的变动，证券交易印花税税率由 0.1%上调至0.3%，这使得沪深股指一泻千里。在这种背景下，那些心中毫无风险意识的股民在还没有来得及分享牛市的成长，就惨遭了狠狠的一记闷棍，只能默默地流着泪自己承受。

“股市有风险，入市须慎重。”几乎每位投资者在决定进入股市时都会听到亲朋好友这样劝告自己。对于想在股市淘金的人来说，学会控制风险、躲避风险永远比获得利润更为重要。“收益有多高，风险就有多大”的投资至理名言，也片面地说明股市中的风险所在，然而对一些投资者来说，他们往往忽略了风险，他们只关心股票价格上涨了多少，却从来不想知道下跌

的概率有多高。这种投资者在股票市场中往往以失败而告终，不仅损失了金钱了，还浪费了大量的时间和精力，得不偿失。

上面的案例也说明了股市中的风险是存在的，所以我们在进行股票投资之前一定要学会认识风险、正视风险和树立风险意识，同时通过各种渠道了解或者找到规避风险的有效措施，事先做好防范风险的准备工作。

“我是2007年初进入的股票市场，刚开始的时候，我购买的股票价格一路上涨，然而不久后，股票的价格却一跌再跌，最后我购买的3支股票全都被套牢了，其实刚进入股市的时候，对股市的了解并不多，只是听人们说股票的收益高，却不曾想风险也这么高，我的资产在这次投资中几乎缩水了一半，那是我工作多年积攒的工资，想起来就会心疼。”在股票市场等待交易的刘晓婉说。

可见，股市中的风险是无处不在的，作为投资者，股民必须要对股票的投资有一定的风险控制策略，这样才能在风险露出端倪前提前躲开。对于想在股市淘金的投资者而言，规避股票投资的风险主要有以下几个方面。

1.在进行投资前，学习股票的专业知识

炒股中最重要的是学会选股和知道什么是合适的时间卖出股票，其他比如股票的操作方式、种类以及解套的能力等问题，都需要你在投资之前进行了解，有些知识需要你完全掌握。炒股是一门很大的学问，所以需要投资者拥有扎实的专业知识和基本技能。然而，你只有花费时间了解股票，才能用更短的时间融入股票市场中，直到你成为一名成功的、经验丰富的投资者。

2.保持良好的心态

股票市场瞬间风云变幻、神秘莫测，没有一个良好的心态是很难获得投资成功的。股票市场的价格瞬间万变，很难想象一个贪婪或者恐惧的人坚持的时间，所以在进行投资的时候，首先要从投资动机、资金实力、股票知识和阅历、心理素质等方面来对自己做一个综合的评价，看看自己是否符合进入股市。

3.对经济发展以及事关股价的事情多注意，把握投资时机

股市中流传着这样的一句话：“选择合适的时机进行买卖股票比选择股票更为重要。”所以，在投资股市之前，应该首先认清投资环境，避免逆势买卖。

股价的上下起伏与经济环境、政治环境相关。在经济发展趋势良好、社会安定、人民幸福、外交顺畅时股价是上涨的，反之是下跌的。另外股票还与股市本身的环境相关，如股市中熊市和牛市都会对股价产生影响，如牛市中其价格一般都会上涨，熊市则会下跌，当然没有那么绝对，具体的情况需要你结合所处的环境具体地分析、研究。

4.炒股要学会选择正确的股票

在初始进入股票市场中，要正确地选择适当的股票。股票的选择要结合发行股票公司的运营状况和其实力规模及在未来的赢利能力，还要考虑股票在过去的3年到5年间，其股价的起伏规律，然后结合股票最近的表现作出选择。股票选择正确则会实现收益，万一不小心误选，一定要及时地改正，避免出现过多的财产损失。对公司的情况多做了解，这样才能规避经营风险。

5.选择适合自身的投资方式

股票的投资方式有很多，如定期定投、固定比例投入法和可变比例法这3种投资方式都具有很好的躲避风险的能力。定期定投是需要在约定的时间进行扣款的，所以事先要在账户里存入扣款的款项。固定比例法是指投资者采用固定比例的投资组合，以减少股票投资风险的一种投资策略。固定比例投资法一般分为两部分，一部分是保值的，具有稳定性；另一部分是增值的，风险性很高。可变比例法是指投资者采用的投资组合的比例随股票价格涨跌而变化的一种投资策略。

从投资时间上来说，股票投资的时间尽量越长越好，因为从股票市场

的表现来说，投资的时间越久，其收益就会越高。

6.要设立详细的理财规划

一个富豪拥有的钱再多，也是有限的，所以在投资中最好把自己的资产总结一下，把资产分为几份进行投资，以免影响日常生活秩序和生活质量。而在股市中，股票投资人愿意花很多时间去打探各种利多利空消息，但却常常忽略了本身资金的调度和计划。

其实在列理财计划的时候，首先需要制订周密的资金管理方案，对自己的资金进行分类安排，使每一部分的理财规划都得以确切实施，这样才能使自己的资产得到最可靠的安排，减少损失，这样投资者在股票市场中才能进退自如，轻松面对股市的变化。

7.在投资的过程中，要避免利率风险

一般来说，企业或者公司都在银行里拥有一笔数目不小的贷款，利率升高的时候，会给贷款较多的企业或者公司带来较大的困难，从而导致股票的价格起伏。而利率的升降对那些借款较少的企业或公司影响不大，因此在银行利率趋高时，要减少借款较多公司或企业的股票，转而购买自有资金较多企业的股票，避免利率风险。

8.要懂得适可而止

在投资中，一定要注意保持平和的心态，千万不要有贪婪的心态，在股票的价格达到自己理想中的价格时要果断地抛出，适可而止，避免贪婪追涨而带来资产的损失。股市的风险不仅存在熊市中，即使在股价普遍上涨的牛市中也一样有风险，所以要学会控制自己，懂得适可而止。

所以想在瞬间变化莫测的股市里淘金，你就要学会规避各种各样的风险，避免因风险而带来的资产损失，这样你才能在股市里慢慢地实现自己的理财计划，实现赢利和资产增值，进一步实现自己财务自由的理想。

网上炒股，安全放在第一位

随着生活节奏的加快，人们拥有的私人时间越来越少，人们不愿意在下班后还要拖着疲惫的身躯去银行办理业务，正是基于此，很多证券公司开通了网上炒股的业务，让你足不出户就可以进行股票买入和卖出等交易，为你节省了宝贵的时间和精力。

想要开通网上炒股，首先你要选择一家信誉良好的证券公司。开通后，你就会拥有自己的股东代码，你就可以在证券公司开办网上炒股业务了。你可以根据证券公司提供的工具进行下载，你只需要将公司告诉你需要下载的软件安装到电脑上后，就可以进行炒股了。

在你开通网上炒股后，证券公司一般会给你一个操作手册，这个册子告诉你怎样看消息、看盘子、分析行情等，里面介绍得非常详细，需要你花费一段时间进行研究，如果看不懂，没关系，你可以订阅证券公司的报纸或者电视台上的股评，从这里你可以找到入门的方法和途径，并且了解网上炒股的一些信息。

虽然网上炒股以其方便、快捷等优势赢得了众多投资者的喜爱，但网上炒股毕竟是一种在线交易的理财方式，自推出以来，其交易安全问题一直受到投资者的关注。网上炒股屡屡有不好的新闻传出，如有些投资者有时因使用或操作不当等原因致使股票买卖出现失误，甚至发生被人盗卖股票的现象，因此，在进行网上炒股的时候，一定要注意交易安全，掌握一些必要注意事项，确保网上炒股的安全性。

1.交易密码的重要性

证券交易密码是保护你财产安全的最重要的屏障，万一密码泄露，他人在得知你证券账号的情况下，就可以轻松登录你的账户，你的资产和股

票买卖就没有安全性可言了，会给你带来惨重的损失，所以进行网上炒股最重要的一点就是必须高度重视网上交易密码的设置和保管，密码尽量不要用个人生日、电话号码或者吉祥数字来设为密码的数字组成，密码过一段时间就修改、更换，以确保个人交易密码的安全，保护资产不受损。

2.可以关心优惠活动

网上炒股分流了在证券公司交易的投资者，使证券公司的工作人员的工作量减少，扩大网络服务商的规模，同时使用网络，加快了证券公司的日常运营，提高了效率，所以证券商往往会采取一些措施鼓励投资者进行网上炒股，如送上网小时、减免宽带网开户费、佣金优惠等措施，因此在开通网上炒股的时候，可以注意这些信息，结合自己的实际需要，选择适合自己的优惠措施。

3.在操作的时候谨慎细心

在网页填写的交易信息必须多检查几遍，保证信息准确无误，否则因个人操作问题造成的损失，证券商概不负责，因此在填写买入或者卖出的信息时，一定要细心地检查好股票代码、价位、时间以及买入或者卖出的选项，确认无误后，再点击鼠标确认。

4.交易完成后记得检查一遍确认交易

在操作的时候，明明电脑界面上显示网上委托已经成功，但证券商却没有得到委托命令，或者电脑显示委托未成功，但当投资者再次发出委托指令时，证券商却接收到两次委托，造成股票买卖的重复，这是由于网络运行的不稳定或者其他因素影响的，所以在交易的时候要再复查一遍，确认交易委托已经发出。

5.同时开通电话委托

要解决因为系统繁忙或者网络通信障碍带来的影响而延误买入或者卖出股票的最佳时机，这时最好的办法就是进行电话委托，电话委托能在网络出现障碍的时候解燃眉之急，所以在开通网上炒股的同时最好同时开通电话委托。

6.交易后及时退出系统

和网上银行一样，交易后要早点退出或者关闭当前的网页，以免造成指令的重复发送。如果没有退出系统，很有可能家人或者同事登录，造成操作失误，指令误发等。或者在公共场所登录交易系统，交易完成后更要及时退出，以免造成个人财产和股票金额的损失。

7.注意做好防黑防毒

互联网上各种病毒泛滥，黑客更是猖獗，如果电脑操作系统缺少必要的防黑、防毒系统，一旦被攻击，轻者会造成机器瘫痪和数据丢失，严重的会使你的个人密码和网络账户泄露，使你的资产和股票资金得到损失，因此，在操作之前必须做好防黑防毒的准备，在进行交易之前，先用防黑、防毒软件对网路进行杀毒或者查找有没有隐形的黑客，确保交易安全。

网上炒股虽然会遇到各种各样的风险，但大多数是由于投资者个人操作不当导致的，网上炒股相对来说还是一种比较安全可靠的操作方式，只是在交易的过程中，要时刻把安全放在第一位，学会谨慎和细心，确保财产安全。

跳出误区：想方设法少犯错

美国的一位出版商曾经说过：“我不管你是一个职业投资家，还是一个投资新手，我知道你一定会犯错误。对此你应该怎么办呢？是否想另觅一条路径并且设想错误会走开？如果有这样想法的话，那就不要进入市场。”

俗话说：“常在股市走，哪能不失手。”说明即使是一位资深股市投资者都难免有失手的时候，何况那些20几岁的初入股市的投资者，由于经验不足、缺乏理财知识等因素的影响，出现失误的次数更多，带来严峻的财产损失。

可以说每一个人想要成为股市真正的投资者，那么就需要缴纳“学费”，既然失误是难以避免的，那么我们就要想方设法少犯错，让自己的财产损失少一点。少犯错，就可以为自己节省一笔资金，所以投资者要时时刻刻提醒自己，犯错是以金钱的损失为代价的。

既然失误难以避免，我们应该采取什么样的措施来减少这些失误的发生呢?下面是投资者总结的几条避免失误的经验。

1.道听途说，信以为真

股市是个瞬间万千变化的场合，在股市市场上每天都有各种各样的消息或者预测在传播，各种小道消息更是充斥投资者的耳朵，一些对股市行情没有太大把握的投资者，对这样的小道消息或者预测都显得很敏感，有的投资者甚至会按捺不住或者控制不住自己的情绪而贸然行事，因此往往会吃亏。

世界级投资大师巴菲特曾经说过：“我从来没有见过能够预测市场走势的人。”证券分析之父格雷厄姆也曾经说过这样的话：“如果说我在华尔街 60 多年的经验中发现过什么的话，那就是没有人能够成功地预测股市变化。”所以在股市中，各种各样的小道消息都是不理智的，或者是荒谬的，根据这些小道消息来炒股显然是一种不理智的行为，会给自己带来不必要的损失。

2.投资过于分散

分散投资能够规避股市中的风险，是一种很好的投资选择，但很多投资者却没有正确地理解这句话的含义，过于分散投资了。其实过于分散投资的风险还是很大的。首先持有股票数量增多，肯定会增加各种手续费用，这就无形中减少了投资的金额；然后，持有的股票多了，你就要浪费更多的时间和精力去了解这些股票，很难做到面面俱到，对其市场表现也是难以跟踪。最后，股票买得多很难赚到钱，说不定还要赔，因为持有的股票越多，遇到股价下跌的概率就会越高，和赢利相中和，赢利自然是件困难的事情。

3.持有的股票为同一个属性

分散投资是说拥有属性不同的股票，而不是拥有同属性的多种股票，如现在很多投资者都选择大盘股、科技股或者创业板，这是一种没有策略的理财，不是真正的分散投资。这些投资者虽然手上拥有的股票过多，但实质上还是同一种股票，这种投资和把所有的鸡蛋放在同一个篮子里没什么区别。所以在投资的时候，一定要注意股票之间的属性，切勿全投资同一种属性的。

4.盲信专家

在我国，专家数量庞大是一特色，股票市场中也有很多研究股市的专家，在股票的投资中，很多投资者因为对股市的情况难以掌握，而在买卖资金的时候听取专家的意见，盲目听从权威，可能会给你的财产带来不必要的损失，专家的意见是作为参考的，而不是帮你作决定，在股市中，一定要培养自己独立分析的能力，学会积极思考。

5.太贪心或者不懂“割肉”

贪婪是人的天性，不能消灭，只能尽量克制。投资股票最重要的就是要有一颗平常心，在股市投资中切勿贪婪，贪婪是投资者的大忌，在股市中要懂得适可而止，在股票价格达到自己理想的价格时，要适时收手，如果因为贪心而犹豫不决，往往会失去卖出的最佳时机，无法实现赢利甚至遭受财产损失。

在股市价格下跌的时候，心存幻想，不想“割肉”，技术分析表明这支股票的价格还会一跌再跌，但投资者却不忍心财产损失，最后只好面临被套牢的局面，损失更大。

6.喜欢跟庄

一支股票的价格不断上涨，可能是因为利好或者有主力资金的介入，在很多时候，很多投资者都喜欢跟庄。很明显，庄家和散户相比，在信息、研究、资金、人员等方面的优势，所以在股市中，庄家往往是股市中的赢家，所

以很多投资者花费很多的时间寻找这样的庄家，我们是要跟庄家学习，学习他们的投资手段，在什么位置大量买进、什么位置大量出手，分析庄家常获胜的原因，这样我们才能不断地使我们的投资技术变得娴熟，实现赢利。

7.没有耐心

和其他投资一样，股票也是投资的时间越久风险越小，收益越大，股市市场瞬间风云变幻，很多年轻的投资者却往往缺乏耐心，每天在市场里不是买就是卖，好像不这么做就会心里不安似的，其实这种做法是最不可取的，因为股票的买入和卖出是需要缴纳一定的手续费用的，证券商可以多获得交易手续费，而对投资者的资产的增加没有半点好处。

8.投机心理

投机心理就是想不劳而获的心理，在股市中，很多投资者不愿意认真地研究股市的行业信息和政策信息，也不愿意学习枯燥的投资理论知识，总是幻想着走捷径，一天到晚在市场上打听各种小道消息，这些小道消息会分散你的精力和浪费时间，甚至会使你的投资决策出现错误，从而致使你的资产缩水。

虽然犯错出现失误是难免的，我们就要想方设法来避免这些失误，以免给我们的财产带来不必要的损失。股市市场瞬间变化万千，投资者在投资股票的过程中一定要保持平和的心态，对股票的买进和卖出持谨慎的态度，从而尽量减少失误的出现，避免财产损失，实现财产增值。

16 债券：风险最小的投资选择

债券以其特有的风险低、投资方式简单、收益稳定、不需要专业的理财知识等特点快速地得到了人们的认可。尤其是国债，在国债发行的那天，甚至会出现万人空巷的场景。债券是理财领域中风险最小的投资工具，适合初步进入理财领域和没有专业理财知识的人，债券的利息又高于银行，因此才会如此受欢迎。

债券：回报稳定的投资选择

“我都不知道该如何进行理财了？”张晓娟向自己的同事侯丽梅抱怨道。

“怎么了？”侯丽梅说。

“投资股票吧，股票风险太大，一不小心就可能资产损失；而放在银行里吧，利率又跑不赢通货膨胀率，资产非但不会增加，反而越存越会贬值，该如何投资呢？”张晓娟说。

“你可以试试投资债券，风险小，利率高于银行储蓄存款收益率。”侯丽梅建议道。

金融市场是个瞬间万变的场合，很多投资者身处其中深深了解到其风险性。在金融市场，要想获得高收益就必须承担高风险，然而在金融市场有

种既能获得高于银行储蓄存款收益率，又能保持安全和稳定的金融投资方式，那就是债券投资。

债券是国民金融资产的一个组成部分，在债券期限结构中，既有3个月、6个月、9个月的短期债券，也有1年、3年、5年、7年的中期债券，还有10年、15年、20年的长期债券，初步形成了短、中、长相结合的债券期限结构。在债券计息方式上，主要分为固定利率和浮动利率两种。在债券的付息方式上，主要有贴现、零息、附息3种方式。在票券形式上，有凭证式和记账式两种。

在众多的投资产品中，债券以其低风险、收益稳定成为投资者眼中较为理想的投资工具，债券和储蓄相比，有高息、免税、信用等级更高的特点；和股票相比，有风险低、波动小、取息有保障、到期无亏损的优势。所以，对于追求回报稳定的20几岁的年轻人来说，年轻人缺乏投资经验，缺乏专业的理财知识，债券投资的稳定性和收益性具有很强的吸引力。

理财专家说，债券就是政府、金融机构、工商企业等直接向社会借债筹措资金时向投资者发行，承诺按一定利率支付利息并按约定条件偿还本金的债权债务凭证。债券只是一种虚拟资本，其本质是债的证明书。作为一种有价证券，债券也是金融工具和重要的融资手段，债券具有以下4个基本特征：

1.偿还性

债券一般都严格地规定有偿还期限，债券的发行人必须按约定条件偿还本金并支付利息。在历史上还有一种无期公债或者永久性公债，这些公债的持有者不能要求债务人偿还本金，只能在规定的时间内支取利息。

2.流通性

流通性是指债券能在市场上自由地转换。目前，几乎所有的证券公司都设有证券买卖的业务，使证券能够迅速地变现为货币，如果债券的发行人在投资者中的威信或者信用程度很高，那么债券的流通性就会更强。

3.安全性

安全性是指债券的保值增值的能力大小。与股票等高风险投资相比较，债券常常有固定的利率，与企业业绩没有太大的关联，收益比较稳定，风险较小，另外债券在发行时都承诺到期偿还本息。从资信程度来说，政府的资信程度最高，其次为金融公司和企业。债券也是存在市场风险的，因为债券的价格是与市场利率呈反方向变动的。当利率下跌时，债券的市场价格便上涨；反之，债券的市场价格就下跌。

4.收益性

因为购买债券是需要承担风险的，所以债券也具有收益的性质。其收益主要表现在两方面，首先是投资债券可以给投资者定期或不定期地带来利息收入；然后，从买债券到债券到期的这个时间段内，投资者可以利用债券价格的变动买卖债券赚取差额。

正是因为债券的这些特征，使得债券既有高于银行利率的利率，又有安全稳定性的特点，其实投资债券除了回报稳定外，还具有以下的优势：

(1)简单方便，易于被大众接受。债券投资并不需要专业的理财知识，而且投资方式很简单，技术含量不高，老百姓一看就明白。债券投资属于债权性投资，也就是说投资者可以定期获取一定的收益，在债券期限时间到后便能够收回本金，因此，很适合老百姓进行投资。

(2)债券投资的风险较小，相对于其他投资方式，很明显债券投资的风险要小很多，特别是国家发行的国债，是由国家财政作为后盾的，其安全性较高，甚至可以视为无风险证券。投资债券主要是靠利息来实现财产增值，在合同约定的期限内，债券发行单位按照合同约定给予投资者一定的利息，合同到期后，投资者便可以收到本金。企业发行的债券与企业的经营业绩是没有直接联系的，所以收益也是相对稳定的，即使不幸企业破产，债券投资者也享有优先于股票持有者对企业剩余财产的索取权。

(3)债券价格的波动性较小。债券的价格一般是事先确定的，虽然进入

二级市场后，债券的价格会产生一定的波动，但其价格不会偏差太大，波动相对要小。

（4）操作弹性大。当投资者通过一定的方式购买债券后，则可以享受债券价格上涨的差价，在利率上扬的时候，投资者可以把手头上挣钱较少的债券卖掉，又或者可以进入二级市场看看，如果债券价格上涨得很快，那么不妨将债券卖掉，去购买新发行的债券价格较低的新债券。即使通过差价没有获得理想的效益，债券还是会有利息收入的，是一种很稳健的投资工具。

（5）债券投资的收入较稳定。债券的收益主要取决于票面金额和票面利率计算的利息以及债券转让获得的差价。债券的利率是在债券发行时就确定的，与债券发行单位的经营情况无关，是一种固定及稳定的收益方式，投资者可以通过利息来获得收益，也可以通过买卖债券，利用差价来获得收益。所以，债券常常被视为十拿九稳的投资方式。

（6）市场流动性较好。许多债券在市面上流动性很好，如国家发行的国债以及一些企业发行的比较热门的债券，这些债券的市场价格往往波动较大，债券投资者可以通过差价来获得效益，因为国债和这些热门债券在市场可以很快地出售，也可以用来抵押，随时可以变现。

债券在百姓中很受欢迎，尤其是国债，很多人都把国债称为“金边证券”，2011年年底，财政部开始发行债券，一大早，银行外面就站满了排队买国债的市民。很多银行网点的国债在开门后仅半个小时就卖光了，到了下午，各大银行的国债也基本上售完，由此可以看出国债在我国的火热程度，也因此，国债成为最受百姓欢迎的投资工具。对于那些初次进行投资或者对理财的观念不熟悉的投资者则可以通过投资债券来开始自己的投资之路，早日走上通往财富的道路。

债券以其独特的优势渐渐吸引了更多投资者的注意，首先，债券不需要深奥的理财知识，也不需要有着丰富的投资经验，而且债券的收益率是高于银行利率的，债券投资者可以通过获取利息或者差价来获得收益，非常稳定；其次是债券的风险性不像股票那样高，而且债券不适合短线投资，所以对20几岁的年轻人来说，也是最理想的投资方式。

新手入门：教你如何买卖国债

“我的理财故事得从第一次买国债开始。

那是2001年初，老公因为公司业务繁忙，没有放春假，所以我们就在北京城过的春节，春节过得冷冷清清的，没感觉到什么年味，当时过年只花了公司发的500元的购物券，这样我们在2000年攒的钱基本上没有花，因为当时我们刚来北京借了不少钱，还掉后，还剩下5000块钱，都在银行存着活期。有一次我和老公去银行时，发现工作人员在卖国债，我们当时就把钱取出来买了，用3000元买3年期的，两千元买5年期的，当时利率蛮高的，5年期的达到了5%以上，这是我们的第一次投资，买好后就放在箱子底下，平时根本不会想起。

直到之后，我和老公决定买房的时候，首付款还差3万，我就想到了购买的国债，把国债卖了之后，竟然凑够了3万元，这真是令人惊喜的收获。我和老公决定以后还是购买国债进行理财。”经过多年投资国债，如今已过上幸福日子的侯艳丽在接受理财专家的采访时说。

上文中，侯艳丽通过投资国债获得了理想的收益，在理财目标实现的同时，自己的生活质量也水涨船高。在金融市场中，国债是一种很好的投资方式，具有利率高、风险小的特点，因此深受人们欢迎。

国债又称国家公债，是国家以其信用为基础，是指中央政府为了弥补国家财政赤字或者一些耗资巨大的项目甚至为战争筹措资金，按照债的一般原则，通过向社会筹集资金所形成的债权债务关系。由于国债的发行主

体是国家，而且以中央政府的税收作为还本付息的保证，所以它具有最高的信用度，被公认为是最安全的投资工具。

在我国，国债被称为“金边债券”，稳健型投资者都喜欢国债。从债券形式来看，我国发行的国债可分为凭证式国债、无记名（实物）国债、储蓄国债、记账式国债4种。

(1)凭证式国债是一种国家储蓄债，不能上市流通，这种国债可记名、挂失，从购买的那天开始计算利息。在期限内，如果购买人急需金钱的话，可以带着身份证和购买国债凭证到购买网点提前兑取。除偿还本金外，可以按照规定获取一定的利息，同时网点还要收取一定的费用。

(2)无记名（实物）国债是一种实物债券，是一种以实物券的形式记录债权，不记名，不挂失，可以上市流通。在发行期内，投资者可直接在销售国债机构的柜台购买或者有证券公司账户的投资者可委托证券公司通过交易系统申购。发行期结束后，投资者可以将实物券经过柜台或者债券公司卖出，以挣到差价值。

(3)储蓄国债（也称电子式国债）是政府发行的，主要是面对个人投资者，以吸收个人储蓄资金为目的，满足长期储蓄性投资需求的不可流通记名国债品种。这种国债采用电子的形式记录，具有安全性高、效率高等特点。

(4)记账式国债以记账形式记录债权，可以记名、挂失。买进和卖出可以通过证券交易所进行，当然，前提是在证券交易所有个人账户。由于这种国债的发型和交易均采用无纸化的特点，所以具有交易安全、效率高等特点。

如果你要买国债，可以直接带上身份证和现金去银行柜台购买，国债的发行主要是依靠国有的四大银行，但是银行只销售凭证式国债和记账式国债两种，而且凭证式国债的发行量很少，往往需要提前排队才能买得到；而记账式国债在发行期内，在四大国有银行的工作日内可以随时买到。

当然你也可以到证券公司去买，而且不少证券公司会为客户提供用户手册，上面有详细地介绍如何买卖国债的知识。在证券公司，购买国债和债券的最低购买限额是1000元。

债券也是一种投资工具，债券一旦在市场上流通，其价格就会在市场规律和其他因素的影响下反复波动，所以买卖证券也是有风险的，对投资者来说，如何把握正确的投资时机事关投资的成败。投资时机选择得当就能提高投资收益率；反之，投资效果就差一些。在长期实践中，债券投资者积累了一些关于如何正确判断选择投资时机的方法：

（1）在我国的投资者之间流行着一种从众的行为，就是看见大多数人在干什么，自己也盲目跟着去做。当投资者的资金大量地投入到国债或者某一种债券上，很多散户也会跟着进行投资，而一旦大量的资金进入债券市场，债券的价格就会被抬升，所以有经验的投资者往往会抢先一步，在投资热潮前进行投资。

（2）债券价格和银行的利率是息息相关的，也就是说债券与银行利率之间的关系是相反的，即当银行的利率上升时，大量的投资资金就会涌向储蓄存款，债券的价格就会降低；当银行的利率下降时，则资金涌入债券市场中，债券的价格被抬升，所以在投资国债的过程中，一定要密切关注银行利率及货币政策的变化，仔细研究和分析其变动规律，争取在银行调息前买入或者卖出债券，学会灵活应用，这样才能获得较高的收益。

（3）债券价格的上下波动与物价的高低起伏是相关的，一般而言，当物价上涨时，货币的购买力下降，人们就会纷纷地抛售债券，转而投资到房地产、黄金等保值物品上，从而导致证券价格的下跌，所以投资者在平时的生活当中也要注意物价的变化，如果能在物价普遍上涨之前抛售债券，便可获得一定的收益。或者相信市场价格会降低，便可在这时以低价购买债券，一旦价格上升，收益将会非常可观。

（4）在债券市场中，债券价格一般都是起伏较小，价格比较稳定的。债券价格出现比较强烈的波动是在新债券的发行或者上市后才会出现，而且为了吸引投资者，新债券的年收益率要比以往发行的收益率要高一点，而

在市场的调整下，新上市的债券收益会慢慢降低，而已上市的债券则会慢慢上升，因此投资者要善于把握时机，在债券上市一段时间后，待其价格上升时选择卖出，这样的话，收益将会增加。

(5)和股票市场不同，债券价格的上涨或者下跌往往会持续一段时间，投资者可以选择正确的时机切入，追涨杀跌，即投资者可以利用债券价格的惯性买卖债券，即当整个债券市场的行情即将启动时可买进债券。而当市场开始盘整将选择向下突破时，可卖出债券。要想获得良好的收益，首先是对市场情景的准确判断，然后选择正确及恰当的切入时机。

作为一名新手，在投资国债的过程中一定要细心、谨慎，认真学习有关国债的理论知识和如何进行买入和卖出的操作方法，在投资的过程中虚心学习，不耻下问，这样才能最快地掌握投资国债的技巧，经过一段时间的实践，你就会发现自己买入或者卖出国债以及对时机的把握越来越准，慢慢地向自己的理财目标靠近。

投资债券提高收益的技巧

2009年，一场金融风暴波及全球，股票市场也出现了很大的波动，股市价格不断下跌，就连一路高歌的楼市也开始出现了降温，这场金融危机促使投资者对理财产品的风险认识加深，而这时债券风险小、收益稳定以及安全性高等优势则进一步显现出来，渐渐得到投资者的青睐。当越来越多的投资者转入到债券市场中，很多理财专家建议，债券是具备长期性、低风险等诸多优势的“防守型”理财品种，投资债券理财，应该熟悉规则、掌握技巧。

虽然我国目前债券的种类不像股票种类那样五花八门、令人眼花缭乱。但是，作为投资者应该注意到它们之间的区别，尤其是国债能不能在市场上流通。如凭证式国债不能转让、更名，但可以质押和提前支取，提前支取要收取手续费。

在进行债券投资前了解债券的规则后，投资者再决定是否买进以及时间、金额等，如很多投资者就盲目地认为提前支取就按照活期利率计算利息，这是不对的。在我国，关于国债债券的提前支取是这样规定的：从购买之日起，在债券持有时间不满半年、满半年不满1年、满1年不满2年、满2年不满3年等多个持有期限分档计息。因此，投资者选择国债理财也应首先熟悉所购国债的详细条款并掌握一些技巧。

债券，尤其是国债，长期以来被称为“金边债券”，许多老百姓对国债之类的债券情有独钟，发行期间，在银行或者证券公司经常能看到排队购买的场面。对老百姓来说，购买债券利息要高于同期储蓄利息。投资债券一定会获得收益吗？答案当然是否定的，如果投资者不能掌握债券的价格规律，是很难获得高收益的，甚至可能会赔钱。要想通过投资债券获取高收益，究竟有哪些技巧呢？

首先在交易所开户后，最先面临的就是选择好的债券进行中长线投资，那么如何选择债券种类呢？我们是根据市场利率与债券之间的关系进行选择的。

(1)通过分析和得到的消息来看近期市场利率的变化不会很大，那么这段时间，投资者买入利率最大的那种债券；而卖出的时候，则选择利率最小的那个，在市场平稳的状态下，遭受的损失最小。

(2)通过分析得知市场有下降的趋势，这段时间买入债券就要考虑利率高的和市场前景良好的债券；而在卖出债券时则相反，选择利率小和市场前景不被看好的。

(3)通过分析和研究得出其市场利率有上升趋势，那么则在买入债券的时候优先考虑利率较小的、升值空间较大的或者一些不被看好的债券；而卖出的时候，则考虑现在利率已经很高、升值空间较小或者市场前景被

看好的债券。

这是在投资债券前选择债券的几种方式和技巧，接下来的才是如何在投资的过程中买卖国债，以获得较高的收益，投资者总结出了一些技巧：

1.利用分散投资的思想，多选几种债券

在我国证券市场上，债券的种类有记账式、凭证式、无记名式等，而且根据期限也可以分为长期、中期、短期等，所以投资者必须根据自己的资金以及自己期望的投资时间或者交易方式等来选择券种。如想长期投资国债，并且想持有到期限的时间，那么投资者应该选择不可上市的凭证式国债或其他可上市的较长期国债；如投资者想短期投资国债，那么可以选择能在市场流通的国债，而且在你需要金钱的时候可方便地卖出兑现，并获取一定的收益。虽然国债的风险较小，但也要学会分散投资。投资国债品种要有不同的期限搭配，因为不同的国债在不同的市场环境下，其收益也是不相同的，分散投资则会使风险降到更低。

2.比较一二级市场收益率

在投资债券中，很多人都认为一级市场的债券的收益率肯定比二级市场高，但这种说法是不正确的，虽然在购买债券时投资者首先考虑的是它的收益率。在一级市场上，很多债券到期后就是按照票面利率计算利息的，虽然在我国，国债是以计划利率为主，但还是有一部分是由政府直接确定利率的，这样的话就会出现利率不一致的局面，有时一些债券一上市就跌破了面值，这样的话还不如在二级市场进行买卖。因此，在进行国债投资的时候要把一二级市场不同国债品种的收益率进行比较，选择出收益率较高而且适合自己的债券品种进行投资，眼光不要只放在一级市场上。

3.对债券市场进行分析和估计

债券是由国家信用或者企业信用为基础的，所以具有很高的安全性，但这是指在一级市场上进行的债券买卖，投资者选择进入二级市场就会有一定的风险，二级市场债券的价格与我国的市场利率是相对的，因此，投资者应该收集相关信息对我国经济发展以及今后的市场利率走向做出准确的判断，在经济发展稳定的情况下，这时市场利率将会降低，这种情况下，投资者应该进入二级市场买入债券，因为其价格将会上涨；反之在经济高速发展、通货膨胀严峻的情况下，投资者应该退出二级市场，因为这时债券的价格将会下跌。

所以投资者如果想获得较高的利息收益就应该准确地把握市场经济以及其利率今后将会出现的趋势，及早作出选择，实现资产增值。

债券投资虽然风险较小，但获得高额的收益也不是件容易的事情，所以在投资的过程中，一定要善于总结经验和教训，积极地学习提高证券收益的技巧，以实现财产增值，早日实现理财目标和财务自由。

债券投资的风险和防范

金融市场上没有稳赚不赔的理财工具，债券虽然是一种信用证券，有国家或者企业的信誉作为担保，但债券在流通的过程中受到债券市场的调节作用，债券的价格会有一定的起伏的波动，投资者在这种起伏中可能会因为判断市场行情错误而出现赔钱的状况。另外债券还要受利率、市场供需、投机因素的影响，所以说，购买债券也并不是稳赚不亏的。

对普通投资者来说，投资债券基金既能获得稳定的收益，也可以在市场行情较好的情况下卖出证券，挣差值，而且从长期来看，投资证券的收益往往要比银行存款高出好几个百分点，而且由于由企业或者政府担保风险相对比较低，但投资者往往注意到证券的利息收入而对风险的认识较少，甚至很多投资者认为债券是没有风险的，这是一种错误的说法。证券只是相对于股票等投资方式风险较小，而不是没有风险，所以投资者首先要从思想上树立风险意识，同时也要学习一些防范风险的措施，以免自己的财

产出现较大的损失。

在债券市场上，债券投资者面临的风险主要有两类：一是市场风险，就是指在市场的调节作用下，债券价格上下波动所造成的损失；第二就是违约风险，主要是指债券发行人不能按时履行付息还本的义务，债券持有者可能会面临利息甚至本金无法收回的风险，当然这样的事情是很少的，或者可以说忽略不计。

首先要说的是市场风险，在债券市场上，市场风险又可以分为利率风险、债券发行单位风险、流通风险和时间风险四大类；当然市场中还有其他细小的影响因素，但不多见或者影响较小，我们主要分析在市场中常见的四大风险。

(1)利率风险。债券是利用利率来吸引投资者的，是典型的利息商品。而在市场中由于市场调节的作用，债券的利率是会上下浮动的，造成债券的价格波动，这样投资者就会面临债券利率风险；或者当银行利率发生变化时，债券的价格涨跌是与其相反的，所以投资者就可能面对差价损失。当然，银行的利率一般是固定的，是由中央银行的货币政策、国家的宏观经济调整方针及整个社会的平均投资收益水平决定的。

当然，所谓的利率损失是相对而言的，如果债券的持有者坚持到期满才兑换债券，最起码能获得原先预期的收益，其收益只不过是相对于二级市场有一定的差距，所以投资者在债券流通的过程中一定要注意准确地把握债券市场的走势，只有这样才能真正规避利率风险，实现赢利。

(2)债券发行单位风险是指债券发行单位在投资者拥有债券的期限内，因为发债单位的经营不善、负债过多或者因为其他因素导致发债单位的声誉和资信程度下降的情况，必然会影响发债单位的债券价格，给投资者带来财产上的损失。

(3)流通风险。是指在发行期结束后到债券到期的这段时间内，债券在市场上流通，因为市场调节或者其他因素，导致债券在不同的时期，其市场价格上的不同，如冷热券，其价格就不相同。对于比较热门的证券，其市场价格流通性强，其价格起伏波动大，成交量也大，相反，那些冷门的债券，其价格起伏较小，自然投资利润较小，或者是有行无市，无人问津，变现能力较差，如果投资者打算出手，必然会以一定的财产损失作为代价。

(4)时间风险。一般来说，债券持有的时间越长，其风险就会越大，当然收益也会相应地增加。期限越长，因各种因素造成的市场利率的波动也就越大。而时间越短，持有者就会觉得心里踏实。

在债券市场中，除了最常见的市场风险，其次是违约风险。

违约风险是指发债公司不能在约定的期限内履行付息还本的义务，发债公司之所以违约是与公司的经营状况和资信信用程度有关，当发债企业因为各种因素导致企业经营亏损时，没有足够的资金支付债券利息，甚至经营陷入困境，企业甚至连本金都还不上，这时企业没有办法，只好与债券持有者商议延期支付本息的协议，债券持有者可以在未来的一段时间内获得收益。当然，如果企业因为经营状况不善而申请破产，按照法律程序进行财产清算，对拍卖所得的公司财产首先用于支付债券持有者的债券，但资金不足的话，债券持有者可能会面临资产部分损失或者全部损失。

既然债券投资具有市场风险和利率风险，作为投资者就要在开始投资证券的时候掌握正确买卖证券、掌握好时机以及选择其他方式来规避风险，下面就是躲避风险的几种方法：

1.首先是买债券时应该注意的问题

经过投资者的验证，分散投资是降低债券投资风险的最简单的办法。不同种类的债券，其风险性也不一样，而不同债券单位发行的债券也会有其不同之处，在投资的时候，把宝压在某家公司的一种债券上，一旦出现问题，投资者将会遭受惨重的损失，因此选择不同企业的不同种类的债券，使风险和收益多次排列组合，可以有效地降低风险。另外在投资的时候，也要选择时间期限不同的债券，债券期限本身就意味着风险，时间越短，风险越

小，当然收益也会增加。选择不同的期限时间，则会分散风险，增加收益的稳定性。

对散户或者中小投资者来说，分散投资是种最为稳妥的方式，对散户或者投资者来说，他们无法及时得到第一手信息并做出反应，因而也就摸不准市场的脉搏，处处面临着风险，选择分散投资的方式则有利于分散风险，除非整个债券市场价格下跌，一般情况下不会全亏，这样就不会带来很大的财产损失。

2.在二级市场投资中需顺势而为

和一级市场的价格相对稳定不同，在二级市场，债券的价格波动是比较大的，但在债券市场中，债券价格的上涨或者下跌具有惯性的特定，即会持续一段时间，所以有经验的投资者往往能够把握正确的时间追涨杀跌，而且知道什么时候买入、什么时候卖出，获得一定的收益。这种防范风险的方式虽然简单，对多数投资者来说确是难以把握的，尤其是准确地把握时机卖出和买入更是难中之难。

3.以静制动，以不变应万变

这是防范债券投资的措施之一，在市场价格走势以及对经济未来发展趋势不明显而做不出判断的时候，这时最好不要盲目跟风，而是选择以静制动，以不变应万变，学会耐心地等待，并在有经济发展的信息或者市场明朗的时候很快作出选择，这是比较好的做法。做不出判断的时候，最好的方式就是选择等，因为即使是长时间地等待，债券还是有一定的利息可拿，所以在市场不明朗的情况下要学会等待。

4.在投资中要保持健康的心态

在投资债券中，作为债券的持有者，个人素质的高低也可能会影响投资效果，带来投资风险，尤其是投资者的心理状态。如贪婪的心态往往会使投资者遭受资产损失，或者跟风等不健康的投资心态导致错过最好的投资时机而导致资产损失，甚至血本无归，所以在投资的过程中要保持平和的心态，对投资债券有着清楚的认识，这样才能防范因为心理原因带来的财产损失。

债券有风险，入市须谨慎。学会有效地防范债券投资的风险是投资者投资债券的第一步。在债券的投资风险方面，除了投资者个人需要注意，债券公司也有义务公开本公司的经营、管理，甚至财务的情况，这样的话对投资者是一种保护，能对企业起到监督的作用。作为投资者个人，更应该积极学习各种技巧和理论知识来防范投资中可能遇到的风险。

17

创业:比的就是谁最有"心"

随着大学的普及和扩招,越来越多的人涌入到职场中,使职员在职场中面临的压力越来越大,有些人也因此而走上了创业的道路。从理论上来讲,创业并不是一件很难的事情,只要你有一定的资金,又善于发现商机,找到比较好的点子,那么,恭喜你,下一个财富传奇就是你。

从小钱开始,赚取第一桶金

"我是2010年才开始开公司的,但目前公司的业绩并不是很好,公司能够拉到的单子也都是一些小公司的,利率很小,除了获得利润支付员工的开支以及公司日常费用之外,剩下少得可怜,目前公司的3个合伙人都已经有撤资的打算,在刚组建公司的时候,我曾经向他们保证过,一年的时间,公司的资产就能够翻倍,可现在只是凭借一些价格上的优惠来吸引一些小客户,别说翻倍,能有20%的利润就很好了……我觉得非常对不起我的伙伴们,原来把公司做大做强,并不是说说那么简单,我现在都有些后悔了……"一家小广告公司的总经理说。

相信很多人都有过和上文中的总经理一样的想法,毕业后,辛辛苦苦工作几年,有了资本或者与伙伴合作,开一家公司,然后财源就会滚滚而来,自己也顺势成为有钱人、富翁、大老板,然而,当他们真正开始组建公司的时候，才明白经营一家公司的难处，到最后支撑不住的时候就会想到原先的想法是多么的幼稚。而一些小钱他们又不愿意去挣，因为这样的话，他们的发财梦将会变得很遥远，而迫切的心态促使他们不在乎一些小客户、小利润，他们不明白："山不择垒土，故能成其高；海不择细流，故能成其大。"任何成功都是从小到大，慢慢地积累的，即使是亿万富翁，他的财富也是由最初的一万一万攒起来的，跨国公司也是首先在本土一步步成长起来，然后再走向世界的。

很多人在创业之初都觉得自己是个人才，是个做大事的人，因此眼高手低，对很多小生意不屑一顾，大生意又拉不到，公司的经营状况一落千丈，挣不到钱不说，还白白损失了很多时间和精力。俗话说："千里之行，始于足下。"就是说任何的事情都是由小做起，慢慢地也就实现了原先认为较难实现的目标。换句话说，如果你连小事情、小客户的钱你都挣不来，如何去挣大客户的钱、做大事情呢？任何事情如果只是抱着做大事的心态，你就很难成功，因为任何大事都是由小事组成的，相反，如果你能从那些赚小钱的小事情、小客户开始自己的事业，尽心尽力地做好，慢慢地你就会积累一些创业资本，获取成功将变得更加容易。事实上，很多著名的企业家都是从小事做起的，如李嘉诚、马云、柳传志等，他们都是从挣小钱开始，慢慢地积累庞大的资金，面对各种各样的小客户，他们积累了大量的商业经验，并充实了自己的财商，为以后的起家和成功垫下了坚实的基础。

有些时候，在挣小钱的过程中，你就为以后的公司扩张积累了不少资金，在这个过程中，你也会慢慢发现赚钱能力的提高以及加深了对自身的了解程度，同时在这个过程中，容易锻炼自身的自信，慢慢地你就会发现自己成为一名合格的企业家，你知道开设什么样的项目挣钱，而且你也知道如何去做，在以后接到大项目的时候，你也能够淡定从容、非常完美地完成任务。

虽然很多企业家都是白手起家的，但是你要明白，这世界上没有一分

钱是很好挣的，要求你付出相应的努力，一个没有任何资本也没有社会背景的人，只依靠自身的努力去挣钱，需要付出更多的努力和汗水。许多富翁一开始都是一点点地挣钱、一点点地积累，在这样的工作中体会到挣钱的不容易，这样才能激发起斗志，体验创业的乐趣，找到人生的意义，这样在他们成为富翁后，才能更加珍惜手中的财富。在对创业者的调查中，很多人都是先打工，从小钱挣起，慢慢地积累够了资本之后开始创业，因为他们知道钱来之不易，所以在创业之初，这些人几乎是有钱就挣，不在乎大小，然后慢慢地公司就发展起来，获得了财富，实现了自身的人生价值。

好味道是一家专门经营咸菜的公司，该公司生产的咸菜1元一包，获利微薄，而且还有很多公司在竞争，生意很不好做。刘大胜是这家公司的总经理和老板，最开始的时候，公司的经营是十分苦难的，那时候，局面没有打开，只能靠一些小客户来维持生存。咸菜的利润很少，一包咸菜1元钱，光成本就得占9毛，一包咸菜只有1角钱的利润而已，但刘大胜坚持下来了。如今他不但在全国各地开了分公司，而且正在运作公司上市的事情。经过多年的发展，即使只有1角钱的利润，公司的年利润已经达到了1亿元，卖咸菜卖出1亿，成了当时最大的新闻。

回想起最初的那段时间，刘大胜说："虽然起点很低，只是做一些小客户的生意，但是这却极大地锻炼了我的心理承受能力。那时我在想，小客户的利润虽然非常低，但如果我坚持下去，还是会获取可观的收益的，那时候，我常常从另一个角度来看待自己，我是一步步走过来的，所以当公司每发展到一定阶段的时候，我就会从心里肯定自己，我感觉到公司在自己的努力下，从无到有，从小到大，从弱到强，我一路看着公司成长，当然在这种过程中，我自身也在不断地提升，那时我就在想，只要我坚持从这些小钱挣起，我就一定可以获得成功。"

刘大胜的故事告诉我们，从小事做起，哪怕是卖咸菜，也能够成功地将公司做到上市，事情虽小，利润虽少，但只要你不断地坚持、不断地充实自我，慢慢地你就会发现自己在创业道路上越走越顺，因为在挣小钱的过程中，你积累了足够的经验和资本，所以当机会来临的时候，你会毫不犹豫地抓住。从小钱开始，挣到第一桶金。从刘大胜的经历，我们可以得出下面的经验或者劝告；

首先不要觉得自己是非常了不起的人物，这不愿做，那不愿做，结果只会使你陷入无法自拔的地步。有些小钱是需要踏踏实实去挣的，有些小事情是需要认认真真地去做的，因为从这种经历中你会得到良好的知识和经商技巧。

其次在创业的过程中，踏踏实实挣每一笔小钱，积少成多，慢慢地你就会积累更多的资金。当公司发展到一定程度的时候，你就要考虑扩张公司的规模，获取更大更多的利润，这样才能一步步走上正轨。

在创业的过程中，学会从小事情做起，从小钱挣起，从积累资本的过程中渐渐掌握挣小钱的技巧和经验，这样即使在日后，公司成功又破产，你还可以东山再起，因为你知道怎么积累资本、怎么从小处挣钱，积少成多，所以从小钱开始挣自己的第一桶金是非常有意义的。作为刚开始创业的人就应该听从这样的忠告：从小钱挣起。

留意信息，那是隐身的财圣

有位商人在经过一早上的忙碌后，下午边休息边看报纸，突然间从报纸上看到一条消息，说是魔术开始风靡全国。他想起前不久在电视上看到刘谦的魔术表演，很多年轻人甚至中年人都对此有着很大的兴趣，商人的嗅觉使他意识到这是一个生财的机会，因为他可以很清楚地推断魔术在中国必将成为流行，那时魔术辅助品就会有很大的市场，不是每个人都有毅力或者有足够的时间去学习魔术，而魔术辅助品能够帮助这些人，因此，他

马上让助理帮他订购飞机票,他要去别的国家选些魔术辅助品,等这些商品运回国内的时候,正处在魔术流行潮,商人因此而大赚一笔。

随着市场经济的成熟,市场竞争日益激烈,很多人抱怨生意越来越难做,而且由于竞争激烈,导致利润越来越小,其实事实并不是这样,就像上文中的商人一样,善于留意发生在身边的信息,很快就找到了隐藏的商机,并因此大赚一笔,这才是成熟商人的做法,就是善于从身边的社会资讯中找到隐藏的商机,并因此获得生意的成功。

福布斯认为:“信息是经营的命脉和无形的财富,及时获取和开发有用的信息是取得最佳经济效益的根本保证。在如今这个信息发达的时代,信息已经变成了赚钱的资本,并且它已经远远地超越了金融资本的重要意义。”

所以在当今的市场经济社会里,信息是社会财富的源泉,在当今社会,谁拥有了第一手信息,谁就拥有了财富的宝藏。当然,信息并不会直接告诉你,它就是你要寻找的商机,你要有一双善于发现的眼睛,从身边形形色色的信息中找出能够给你带来财富的商机。用系统的方法去组合信息,从一条条孤立的信息中找出有用的部分,抓住隐藏的商机组合,从而挣取利润。很多公司都是善于从隐藏的信息中找到商机,然后慢慢地占领市场,日本著名的井上工业公司就是从隐藏的消息中得到商机的。

众所周知,井上工业公司是当今日本厨具工业中的佼佼者,占据了日本厨具一半以上的市场份额,是日本知名的公司。而这家公司的发迹史则是源于一次偶然。一天,经理在看报的过程中得到了一条重要的消息:随着日本经济的发展和人民生活水平的提高,日本以往的厨具已经不能满足现在人们的生活需要,必须研制新的厨具以及不生锈的厨具来适应社会的发展。看到这点时,经理觉得商机来了。

当天,他就召集员工研究、创新,最后制订生产不锈钢厨具的生产计划,随后的一周内,他开始调查很多用户,很多人对他提出的用不锈钢生产厨具的设想持肯定的意见，于是，不锈钢厨具开始大量生产。

不久后，不锈钢厨具以迅雷不及掩耳之势的趋势占据了厨具市场，而井上工业公司也因此一跃成为日本厨具行业的龙头老大。

从井上工业公司的案例我们可以看出，当今的社会已经由市场经济社会转入到信息社会，在信息社会，信息就是资本，信息就是财富，信息之中有无穷的商机，而这些商机能够给你带来更多的财富，因此，善于留意身边的社会资讯，也许一不小心，就会发现隐藏的致富信息，善于利用信息决策是成功致富的重要途径。

其实在平时，只要我们有心而且很细心，就能敏锐地捕捉到许多能够给我们带来商机甚至财富的信息。在商场中，很多商战就是指信息战，在日益激烈的市场竞争中，谁能够更快地拥有第一手资料，谁就能取得胜利。

另外我们可以看出信息往往具有一定的时效性，就是说信息的价值是有时间限制的，也就是说即使你发现了商机，如果你没有立刻行动，商机就会稍纵即逝。在商场中，最先获得信息并且反应敏捷的人，往往能够获得最终的胜利，因此，敏锐地捕捉信息后，要果断地投入行动，并且及时把产品投入到市场上。下面的两则故事从正反论述，很好地说明了信息的重要性以及其时效性。

在上海庐山地区有一家海鲜场，场内囤积了大量的鱼。一天，场主从日本的朋友那里得知有一艘日本渔船将要到上海等地购入大量的鱼，朋友还专门说了这是一批数量庞大的数目，希望他能放在心上。场主心想从日本到上海最起码得有一段时间的航行，自己过几天再去好了。然而，等几天后，场主去上海，却没有发现日本渔船的消息，他询问岗上的工作人员，才知道渔船在早上的时候已经返回上海了。附近的鱼几乎被购置一空，价格还比市场上高3倍。场主顿时懊悔不已，他觉得自己完全能够把握机会把场内囤积的鱼卖出，再过不久，这些鱼将会发臭，海鲜场也要遭受巨大的损失。

下面的故事则是及时把握信息和商机带来的巨大收益。

在山东地区，汗衫积压的特别多，即使削价卖出，销量也不好，企业缺乏流动资金开辟新的生产线。解决这个问题的重任就落在新上任的销售经理身上，销售经理也一筹莫展。看电视新闻的时候，播放了一条奥运会的信息，奥运会即将在英国伦敦举行，销售经理的脑海里立刻设想，如果能够印刷各种奥运会标志的文化衫、T恤或者印有奥运会的字的汗衫，销量一定很好，为此，他当即作出决定，召集员工开会，很快便通过这个决定，这批印有奥运衫的汗衫一经推出，便受到群众的欢迎，几天时间，公司累积的汗衫就全部销售完毕，销售经理因此职位又上升了一级。

从前面两个故事我们可以看出，只要留心，你就会发现身边的信息中隐藏的商机，在知道商机后所采取的行动，也决定了你能不能从中获取收益。正如福布斯所说的："信息对于追求财富的人来说，掌握数量的多少和把握的快慢往往起到关键作用，决定着人们在商业活动中的胜负成败。"

市场竞争既是竞争对手之间实力和规模的较量，也是各种信息或者情报的竞争，也就是说在商场中要练就一双慧眼，善于从形形色色的信息中捕捉到有用的信息，并且根据信息及时地做出反应，利用商机快速地融入到市场中，从而享受信息给我们带来的财富。

步入信息社会后，企业和公司越来越变得离不开信息的支持，在信息社会，信息就是指明灯，谁能够从形形色色的社会资讯中最快地找到商机并且作出决定，谁就能最快地拥有财富。

创意无限：抓住点子等于抓住金子

随着杂志种类的增加和细化，杂志的销量成了令众多杂志主编头疼的问题，但福布斯好像不这么想，为了能够吸引更多的客户接受他的采访，他总是用各种各样新奇的点子来宣传自己的杂志，都获得了较大的成功。如他曾经用一艘名叫“高地人”的豪华游艇，这艘游艇吸引了很多上层社会人士和世界名流，在纽约港到西点军校这段行程中，福布斯得到了很多宣传的机会，杂志经过更多上层人士和世界名流的宣传，很快销量就急速上升，福布斯本人也成了经常出入上层社会的世界名流。

随着社会的发展和经济全球化趋势的加深，很多人觉得生意越来越难做了，传统的衣食住行等方面因为竞争压力大而利润变得很薄弱，许多人站在创业的路口上不知道该往哪方面发展，在各种各样的商品铺满大街的今天，人们想要成功，只得另寻他径。

在生活中能够吸引他人眼光的生意，往往能够获得意外的成功，见惯了各种各样商品的今天，只有有特色、具有独特韵味的商品才能得到人们的青睐，也就是说拥有创意的生意往往能够在今天获取成功。如财富的获得有时就是一次意外的点子，如把咖啡豆研制为咖啡的过程，使得这种饮料至今风靡全球。

在生活中，因为得到了一个好点子而获得巨额的财富的人不在少数，他们明白抓住点子就等于抓住金子。在商业竞争日趋激烈的今天，往往一个好的点子能够使濒临破产的企业起死回生，使原本业绩平凡的公司获得大量的市场份额，甚至使一家名不见经传的公司走向上市的道路。

据说世界巨富比尔·盖茨在平时中最常阅读的杂志并不是自己专业内的电脑杂志，而是各种时尚杂志，当然，他看时尚杂志并不是为了追求时髦或者看看下一季各公司有什么新款式，他是试图从这些大众杂志中找出下一个商机，因为比尔·盖茨觉得科技和艺术及流行是息息相关的，他随时可以从这些杂志中找到点子，抓住挣钱的机遇，所以对许多成功者来说，成功凭借的并不只有高人一等的专业知识素养，还有能够随时从各种社会资讯中找到点子的能力，发现挣钱的商机。

对成功的人士来说，从各种各样的信息海洋中找到挣钱的商机，抓住点子并不是什么困难的事情，在生活中，很多人就是因为发现了一个好点

子并付诸行动，很快就从一个一贫如洗的人成为百万甚至千万富翁，生活中，这样的例子到处都是。

美国人斯塔克就是这样的人。在外人看来，斯塔克没有工作，是一个无业游民，但他却对金钱充满了渴望，脑海里充满了各种新奇的挣钱想法，虽然这些想法不现实或者不成熟，但却培养了他从社会资讯中找到商机、找到点子的习惯。不久后，他终于想到了一个独特的点子，成为了百万富翁，可以说他是白手起家或者善于抓住点子的模范。

当时在美国有一座自由女神像，女神像历史悠久，很多人都喜欢来这里散心拍照，但因为年久失修，女神像上出现了裂痕，威胁着旅游者的安全，当地州政府只好决定将它推倒，但保留周围的建筑。女神像被推倒后，留下了遍地的垃圾：朽木块、有碎渣、废钢筋、烂水泥……这些废料大概有200多吨，只能拉到远处填埋。再加上车辆和人工，州政府决定支付3万美元来处理这些垃圾。

然而消息传出去后，却没有商人肯来挣这个钱，用3万美元处理200吨垃圾，利润很少。但斯塔克却不这么想，他以独特的眼光发现这些垃圾里蕴藏着财富的点子，他找到相关负责人，说自己愿意承担这件苦差事，而且政府只要支付他两万美元就可以了。政府正苦于无人承担，当然迫不及待地答应了，但商人们听说后却对此不看好，甚至冷笑，他们倒要看看斯塔克是如何处理这堆垃圾的。

结果令商人们大失所望，斯塔克请来大量的工人将大块废料破成小块，然后进行分类；并把废铁废铝做成纪念品，把废铜皮改铸成纪念币；把废弃的水泥做成好看的小石碑；并且把女神像的各部分都做了分类，表明这是女神像的哪个部位……装在用木块制作的精美小盒子里，甚至连泥土都用来出卖。

斯塔克将这些纪念品以几美元的价格出售，女神的嘴唇、眼睛等甚至卖出几千美元的价格，这些纪念品很快就被抢购一空了，因为人们对女神像充满了很浓郁的感情，在看不见女神像的日子里，有个纪念品也是很好的。就这样，斯塔克从这样的一堆垃圾中挣到了十多万美元。

同样的一堆垃圾，不同的人有不同的想法。政府想到的是处理的难度；商人想到的是利润的多少；考古学家想到的是有没有考古的价值；环保工人想到的是环境污染，而斯塔克却从中看到了点子，看到了商机，并抓住点子实施行动，最终挣了一笔钱，所以在如今的社会中，真正的智者总是善于找到点子、抓住点子，并创造了财富，实现了自我的人生价值，获得了成就感和自豪感。

善于抓住点子、善于寻找商机的福布斯在一次接受采访中曾经说过："对于任何创富者来说，机遇稍纵即逝，一些人之所以能暴富，只因为他们从网罗的信息中抓住了机遇，而还有一些人在犹豫、徘徊中丧失了绝好的机会，空留遗憾。所以，对于每一个财商高的人来说，敏锐的嗅觉是不可缺少的。"

其实生活中处处有随时可以发现发财致富的机会，在现实生活中，每个人都想过该如何实现自身的价值，挣取更多的财富，实现生活和财务自由，也就是说每个人其实都从生活中发现过点子，有些发财的灵感。在信息社会的今天，只要你善于发挥自己的智慧，从形形色色的社会资讯中找到商机，抓住点子，就是抓住了机遇，也就抓住了成功，尤其是那些拥有创意的人，本身就是财富。

利用网络平台，开一家特色店铺

"听说李龙开了一家网上店铺，生意还十分不错呢！当初因为身材肥胖，找工作的过程中备受歧视，心灰意冷的他只好在家休闲度日，一次意外的机会发现利用网络平台开一家特色店铺也能够挣不少钱，他联想到自己

的特长，在网上开了家专门为人取名的特色店，出卖创意，没想到生意还真的不错，人的名字六七百元一个，商场的名字1000元一个，听说现在李龙每月都有近万元的收入，即使淡季时也有六七千元的收益，比上班好多了，还自由。”

何继东向朋友提起李龙的网上店铺十分羡慕，因为工作压力的增加和老板的不赏识，何继东萌发了想要自己创业的念头：这是信息时代，李龙利用网络平台开了家取名的特色店，我为什么不开家别具特色的网上店铺呢？诚然，在网上开店是一种省时省力又省资金的好办法，但网上的竞争强度并不低于现实中的竞争强度，所以选择独具特色的创意是决定一家店铺成败的关键因素。

首先，在网上开家特色店铺，我们就要明白所要面对的客户群体，特色店铺一般就是卖各种新奇古怪的创意或者小东西或者给客户专门定制的小东西，对这些东西感兴趣的人一般都是些年轻人，这些极具个性的小东西无疑是热恋中男女送给双方最好的礼物，年轻人思维活跃，这些独具特色的小东西能够勾起他们的消费欲望。

随着网络的发展，现在喜欢逛商场的年轻人越来越少，而且造型雷同的商品也吸引不了年轻人的消费欲望，所以更多的人都将选购东西放在了网络上，如淘宝、京东、易趣等网店，在这些网店中，各种各样的东西都有，新奇的、充满个性的东西，无疑是他们最好的网购渠道。

在网上开一家特色店铺，所需要的基本条件并不复杂，首先需要一定的资本，数目不用太大，还要有一台数码相机，另外可能还需要你有一定的动手能力，如果你懂一点设计技巧的话，就更好了。如果你觉得自己拥有很多的想法，那就选择开一家特色店铺吧，在网络平台上开一家特色店铺并不需要很多复杂的知识。

首先第一步，你要确定销售的项目，也就是要“卖什么”；事实上，只要是创意新颖或者想法独特的小饰品、小玩具甚至是具有风格的衣服鞋帽，如今网上卖各种东西的都有，选择一个好的项目是成功的关键因素，独具特色才能够让你的网上创意店在网络卖场中脱颖而出。

当然，事先你要先做一定的调查，确保你卖的那些极具特色的东西拥有市场，能够挣到钱，这是非常重要的。

第二步很重要，就是要选择一个好的网络销售平台，拥有较高点击量的网络，如淘宝、易趣，或者京东，都是不错的选择。目前这些销售平台都会提供免费的会员注册服务和企业免费注册服务，用身份证注册后，便可以申请开家网上店铺了。

第三步，就是为了能够吸引客户的注意，首先你要起一个朗朗上口、容易被人记住的店名，网络销售其实就是销售网店特色，具有鲜明的网络特色才是销售成功的最基本的保障。选择关键词的时候也要特别注意，能够代表商店特点的关键词。

另外，为了吸引客户的眼球和增加网店的人气，你还需要设计一个个性十足的网店页面，同时用数码相机拍些照片，尽量拍摄得完美些传播到网店上，并且使网店网页看起来很华美。

第四步就是广告，主要是为了提高人气，提高商铺的信誉度。首先你可以在论坛或者 QQ 群等网民出现较多的地方做一下广告，同时要有好的签名和头像，最好有一个新鲜的广告词，这样的话能够吸引更多的人访问你的店铺。平时多注意一下广告策略。另外，商品的质量和价格也是提高人气的手段。

当有人通过 QQ 或者网络销售平台上的即时通讯工具与你交流或者订购你制作出来的创意品时，那你的特色店铺就算正式开张了，提高店铺人气的灵魂所在就是为客户提供良好的服务，要努力做到诚信经营。

李泽宇在网上开了一个服装店，在网店网页上，李泽宇向顾客说如果对质量不满意，在一个月的时间内包退包换，还可以支付来回的邮运费，免了客户的后顾之忧，当衣服被退回来后，李泽宇还会很诚心地向客户说对

不起。由于李泽宇的热情服务，使他的网店信誉度变得好起来，店里面还有很多回头客在挑选他所卖的服装，他的网上店铺生意越做越大，收益越来越高，客户也十分满意店铺里的服装质量和设计。

在与顾客交流的时候一定要注意说话的一些技巧和沟通方式，使顾客来你的店里有种如沐春风的感觉，这样的话，会使买家对你的店铺产生良好的印象，让你少碰钉子，提高客户的购买概率。另外还可以采取对购买东西的客户赠送一些礼品，这样会给买家带来极大的惊喜及愉快的购物心情，使他记住你的店铺，并说给朋友听。在送礼品的时候，要根据所销售商品的档次，便宜的东西可以送小饰品或者圆珠笔之类的；贵一点的可以送化妆品、小包、毛巾之类的，在送的东西上还要印上你的店名和网址，这样的话，下次客户去你店里购物的时候就方便多了。

利用网络平台进行创业是一种省时、省力、省金钱的好方式，但首先一定要选择有市场前景的特色店铺，在满大街都是雷同商品的今天，一些独具风格的产品开始得到了人们的青睐，并拥有广泛的市场前景，所以在利用网络做生意的时候，首先要想到的是有创意、有特色的产品，只有开一家具有特色的店铺才会从千千万万的网上店铺中脱颖而出，获得良好的收益，实现自己的创业梦想。

小资情调：赚钱的风向标

“现在几乎在这个城市工作两三年的白领都买了一辆经济型轿车，作为小白领，她们往往受过很好的教育，也会有些小资情调，小白领的车里往往根据自己的小资情调来装饰，如比较有个性的饰品，而我则选择了中国结作为车上的吉祥物。中国结是民间特有的特色，它的编法简单，成本低廉，而且红色非常醒目，能够使人防止疲劳，而且红色在我国还是相对喜庆的颜色，为了吸引客户，我还经过了创新，比如把一路平安4个字包含在中国结里，这样的话就让人从心里感觉到它在发挥趋吉避凶的功效，就这样，我在网上开了家小资汽车装饰用品店，并且还根据客户的星座不同、生肖不同等设计了不同的中国结，以及对摆在车里的位置也做了详细的介绍……呵呵，中国结的种类变得丰富多彩，因其蕴含的文化，很快就吸引了很多都市白领们，利润也相当可观！”

李艳华向自己的朋友介绍自己开的具有小资情调的汽车装饰品网店，对那些有车的白领来说，这些中国结既有情趣，又有保护的作用，加上红色在中国是很受欢迎的，所以中国结引起小白领的喜欢是必然的，获取一定的利润也就成了现实。

随着大学的扩招和大学数量的增加，越来越多的大学生毕业后投身于白领这个行业，使得具有小资情调的各种特色商店开始如火如荼地发展起来，投资于小资情调的店面都获得了不菲的利润，小资情调成了名副其实的赚钱的风向标。

也许有人说，小资情调的特色店确实能够吸引白领们的注意，也能够获得较高的收益，但在实际中，该如何进行具体的操作呢？下面我们就介绍几个案例供你选择，希望你可以从他们的经验中得到你想要的东西，然后开始投资自己的小资情调店，实现自己的梦想和人生价值。

1.开家小清新的咖啡馆

陈潇依是家广告公司的设计师，平时她很喜欢在午饭时间或者下午茶时间在楼下的咖啡馆坐坐，看着安静的人群或者温暖的阳光，陈潇依心里就充满了温暖的味道，或者看一部文艺片，懒洋洋地卧在沙发里，嗅着咖啡的清香，陈潇依的心里充满了快乐。

那天，她因为设计上出现了纰漏，被老板批评了一顿，心里有点不开心的她，在楼下的咖啡馆、在懒洋洋的阳光里，看了一部清新的文艺片《失恋

33天》，看完后，她的心情变得疏朗起来，她突然想到在这个城市，每天和她一样遭受老板批评的白领不在少数，他们该如何疗伤呢？那一刻，陈潇依决定开家小清新咖啡馆。

咖啡馆开在大学路的附近，学生多，客源广，附近有很多的写字楼，生意出乎意料的好，几乎每天都满座，尤其是下午茶时间，常常看见一些白领来看一些搞笑的片子来恢复自己的心情。如今，陈潇依已经把设计师的工作辞退了，现在的她正打算在商业区开第二家小清新咖啡馆，那里的白领更多，喜欢小资情调的人更多，将会比第一家还要成功。

陈潇依的开店心得是：开小清新咖啡馆首先要明白受众人群在哪。具有小资情调或者喜欢小清新的都是一些白领或者在校大学生，你见过哪一个年纪大的人自诩喜欢小清新？所以找到客户很重要。找到客户后，剩下的就是店面或者店内的装修了，一定要给人眼前一亮的感觉，就是那种很清爽的感觉，这也是非常重要的，去咖啡店的人喜欢的就是那里的环境，不然为什么不在家里煮点咖啡喝？店内的装修也要注意客户的喜好，要着力刻画出清爽及轻松的环境氛围，使客户在这里喝杯咖啡时能放松心情。

另外就是咖啡杯的选择，尽量选择高雅、清淡、朴素的特色，让人一眼看上去就觉得有内涵、有文化，才能让人真正喜欢上这种清新的环境。

2.开家宠物“托养所”

随着我国经济的发展和社会的进步，人们为了打发寂寞或者传递情感，喜欢养宠物的人就越来越多，在一家公司做会计的王晓雯就非常喜欢养宠物，但平时要上班，就没法照顾宠物，尤其是出差的时候，更是无法对宠物进行好的照顾，出差的时候，她只好把宠物寄养在做自由职业的朋友家中。每次出差回来，王晓雯就觉得自己的宠物瘦了很多，很是心疼。经过打听，她知道身边有很多朋友都有类似的问题，她突然想到，为什么不开家“托养所”来解决这些问题呢？

说做就做，王晓雯辞职后就在小区附近租了家房子，空间很大，而且王晓雯把“托养所”装饰得像动物森林一样非常漂亮，周围的上班族与经常外出的人很喜欢把宠物放在她这里，王晓雯给每个宠物都建立了各自的档案，每个宠物的特征、喜欢吃什么、一天喂几次、有什么不好的习性，还有宠物主人的住址、电话、托管日期等都有非常详细的记录，另外，如果客户到期多久后，在一定的时间期限内，没有去领取宠物，那么“托管所”则有权对宠物进行处置。这样的情况还没有发生过，因为养宠物的人几乎都是善良的人，宠物就像他们的子女，谁也不忍心抛弃。

因为服务良好再加上很好的环境，王晓雯“托养所”里的客户越来越多，而且很多都是回头客。“托养所”里每天都热闹非凡，宠物的种类越来越多，王晓雯每天都忙得不可开交，既照顾小动物又满足了赚钱的欲望，王晓雯工作得越来越努力，生意也日趋变好。

多年的“托养所”经验，使王晓雯掌握到了一定的开店创业秘籍，她认为要办好“托养所”，最关键的是要有好的环境，适合宠物的环境；另外作为宠物的照应者，同时也要学习一些饲养宠物的基本知识和动物养护常识，能够对宠物进行良好的照顾。

在托养宠物的时候，首先要对宠物的健康状况进行检查，这就需要“托养所”购买一些检查设备，与客户签订托管协议后，宠物在托管期间生病、丢失甚至是死亡，托管人员就应该负责治疗与赔偿，这是在开“托养所”时所需要的问题，如果资金充裕，“托养所”可以专门聘一位兼职的兽医来帮忙。

3.开家鲜花茶吧

颜色鲜艳璀璨的鲜花经过加工干燥后就可以用来泡茶喝，味道鲜美，看上去会使人的心情愉快，尤其在富有情调的环境里，喝上一杯令人赏心锐目的茶，是多么惬意和享受的一件事情。随着时代的发展，越来越多的人喜好养生，文朋的鲜花茶吧就是在养生和美味的基础上成立的，吸引了很多顾客。

通常来说，一些具有养生和营养的花茶是比较受欢迎的，如白菊花、白百合、金银花等都很受吧客的欢迎。除了选择质量较好的鲜花茶，客户对茶具也是非常重视的，好的茶具能够使茶的香味发散到极致，文朋专门从南方买来一些别致、精美的陶瓷茶具，使茶具和鲜花茶融为一体，在视觉上给人美的享受，花香香气沁人、花茶色彩缤纷，无处不营造出一些高雅的氛围。文朋的鲜花茶吧在附近很有名气，很多白领下班后都要来坐一坐，喝杯花茶才回家。

文朋的鲜花茶吧做得成功的最主要的因素在于选对了一个好地址，第二是对各种花茶的功效介绍得很详细，同时根据客户自身的情况或者喜好来选用自己喜欢的茶，一定给予客户受尊重的感受；第三就是要在茶吧里面营造出一种富有浪漫气息的氛围，尤其是很多女白领喜欢的那种氛围。另外茶吧的茶具都要给人一种高雅、朴素的感觉。

在平时中观察白领的喜好就可以得知自己下一步行动的计划，所以要有一双善于观察的眼睛。另外，开设这样小资情调的店铺一定要选择写字楼多的地方或者教育程度较高的地区，小资情调虽然是赚钱的风向标，但在实践的过程中要注意多学习知识，借鉴别人的经验，以实现自己的创业梦想。

第四章

无忧生活

风雨人生路，无论钱多钱少，保险不能少

天有不测风云，人有旦夕祸福。也许这个世上有完美的人生，但一定没有能够一帆风顺的人生，在风雨人生路上，我们要想在未来走得更加从容、淡定，那么就要学会未雨绸缪，早作打算。保险就是未来遇到风险时的最好助手。

18

为什么一定要买保险?

人生是一段无法回头,只能不停向前走的旅程。也许前面的道路是花香鸟语、阳光普照。也许是大雨滂沱、乌云遮日。在这段路程中,难免会遇到各种各样的风险,在面对困难的时候,我们希望有亲朋好友来帮助我们,保险就是这样的"亲朋好友",保险能够为我们未来的生活提供一份保障,在我们遇到风险的时候,能够帮助我们快速地站立起来。

人生是一场有风险的长旅

"听说,你父母很疼爱你,在你刚出生的时候就给你办了全额的保险,你可真是幸福……"茶水间,杨小叶向自己的同事宁晓梅。

"谁让我是家中的独生子呢?每当我劝父母时,他们老是拿天有不测风云,人有旦夕祸福这句话来回应我。"宁晓梅说。

"人生是充满风险的旅程,父母只是希望子女在人生道路走得更顺、更远。"杨小叶说。

在中国,向来有五福临门的说法,即长寿、富贵、康宁、好德、善终,五福合起来才能构成美满的人生,这是每一个中国人从呱呱落地开始就有的追求,然而随着年龄的增长,我们明白"五福临门"就像小时看过的童话故事一样,看看就忘掉可以,但真要较真便显得愚蠢。如上文中,随着计划生育的实施，中国的独生子女越来越多，很多家庭都给自己的孩子买了很多巨额的保险，因为人生是有风险的，所以需要保险来帮我们分担。

从出生起，我们便走上了人生这条处处充满风险的旅程，我们每个人都对未来的种种做出很多的规划，但人生这条旅途是有风险的，我们的旅程不会永远风和日丽、也不会事事都顺心如意，有时我们可能会跌一个很大的跟头，有时我们可能会淋一场大雨；目前，随着城市环境污染加重、职场竞争加剧等因素，我们的生存环境日益恶劣，雪上加霜的是，随着生活压力以及生存环境的恶化，很多年轻人患上了重疾，英年早逝的新闻时时可见。再如汶川地震、动车相撞、火车脱轨、飞机坠落等突发事件造成了多少人的人生旅途的中断，给多少家庭带来无法泯灭的伤害。

人生如同在海上航行，没人能保证会一直风平浪静，也没人会知道下一场风波、下一场暴风雨会在什么时候到来，但是有些风险终会到来，没有人能够避免。有些人盲目地乐观和自信，没有事先做好规避风险的措施，给自己和家人带来了损失和不幸。风险的出现是不可预测的，但并不代表人生并没有风险，所以在日常生活中，学会预防风险真的很重要。

如果我们能够树立科学的风险观念和理财观念，在头脑里树立正确的风险观念，为风险的到来准备好充足的准备，这样在风险来临的时候，我们就能够淡定从容地面对风险，而不是不知所措、无所适从，尽量将风险的伤害降到最低，如保险中的人寿保险就起到了防御风险的作用。

在自驾游的时候，我们往往要给车辆加备胎，这就是对风险的一种事先准备，也就是俗话说有备无患的道理，而保险就是我们人生中的备胎，帮助我们做到了在风险面前有备无患。

保险就是一个在困难时能够信守承诺、能够给予我们帮助的朋友。在平时中只需支付小额的保费，就加入了一个能够救急和帮我们摆脱风险的互助组织。“平时一滴水，难时太平洋”和“人人为我，我为人人”的保险理念一直深入人心，随着如今生活节奏的加快和生存压力的提高，人们对保险

的认识越来越深刻，也有越来越多的人把保险当成抵御未来风险的有力武器。

在生活中，有时请人吃饭，别人是不会回请的，但保险不会，只要你交出了保费，这样在你有难的时候，保险就是能够帮助你的“兄弟姐妹”；甚至在你创业失败的时候，已经上缴的保险可以用来抵押，让你能够东山再起。

然而，在生活中，还是有很多人对保险没有清醒的认识，认为保险不吉利，谈及未来的风险更是色变面僵，然而，我们都知道不承认创伤就无法治疗伤口，回避从来就不是解决问题的方法，我们只有积极面对发生的事情，静心思考，才能找到真正解决问题的方法。

在防御未来风险上，日本人就做得很好，如果家里有女儿要出嫁，新郎没有购买人身保险，女方的父母是不会同意的。在日本，一般女性都是婚后不工作，做家庭主妇，万一女婿因灾因病撒手人寰，女儿的幸福怎么保障？有了保险，虽然不能替代女婿，但可以替代女婿的经济能力，继续保障女儿的生活。日本人这种对风险的高度认识和未雨绸缪的态度是值得我们学习的。

人生是一场漫长的旅程，谁也不知道在这场旅程中，下一步将要出现的风险是什么，没有人能保证与风险绝缘，只要我们能够树立科学的风险观念和理财观念，为未来的风险积极地做好抵御的准备，就能在风险面前从容淡定。

准备好30年后的养老钱

“退休后有养老金，而且我在银行也存有一部分钱，我可以通过存款、出租房等来增加财产收入，为什么要买养老保险，把自己的养老金交给别人去打理？我觉得自己能够胜任也能够打理好养老的钱，也准备好了30年后的养老钱。”同事李大梅抱怨道，最近很多保险公司在“打”她养老金的主意。

随着经济不断发展和人民生活水平的提高，现在医学的发展和养生理念的传播，使得人们的寿命不断地延长，而且随着我国人口老龄化的加快，越来越多的老人身边缺乏子女的照顾，需要更多的钱来购买社会服务，而随着通货膨胀，社保给予的养老金又不能完全支付养老的开销，所以我们必须从现在开始，准备好30年后的养老钱，这对我们每个人来说都是一个重要的、不容忽略的问题。筹备养老钱已经迫在眉睫。

目前我国延迟了退休时间，但养老仍然还是需要花一笔很大的金额，这笔钱是一定要提前做好打算的，养老的钱越早准备越好，不然等年纪大的时候再去筹备养老的钱就有些吃力了。如何准备这样的一大笔前呢？只有通过投资理财产品，让自己的金钱在最短的时间内不断地翻番，这样才能筹备足够养老需要的钱。

养老的钱不能通过股票等风险性较高的投资工具来获得，因为我们大多数人都不是炒股高手，投资股票需要很强的专业知识，不是每个投资者都可以成为巴菲特，而且股票等风险型投资具有很大的危险，或许能够一夜致富，但更多的可能是血本无归，把养老金投放在这样收益不确定的投资工具上是十分危险的。

理财应该多元化，学会分散投资，尤其是为未来准备的养老金更应该学会规避风险，趋向稳定。只把一部分资金放在股票等高风险投资上，即使如此，在投资的过程中，我们也应该小心翼翼，保持平和的心态，贪婪恐惧都是投资中的大忌。年龄越大，则越应该选择具有稳定收益且风险较小的投资工具，这样才能保证自己有个舒适、安全的晚年，不至于因投资失败而流落街头。

如果把养老的钱全放在银行里，然后靠利息等解决养老问题固然是一个不错的选择，但是在生活中，由于人自身的弱点，所以我们常常在新闻上看到不孝子女拿走老人财产却不尽赡养义务的事例，也常听见老人轻信他人导致钱财被骗的故事。这样的故事太多了，我们不能不引以为戒。

2010年，据不完全统计，在北京、上海、广州等地发生的电话诈骗案总

额多达近 7 个亿，而且这里面的受害者大多数是老年人。有的老年人一天之内就让人骗走几百万，通常骗子往往会把老年人当做诈骗对象，因为随着年龄的增长，老年人的体力、智力和精力都会大幅下降，而且老年人手里一般都有一些养老的积蓄，有的老年人忘记了银行密码，甚至连存折和银行卡都忘记放在哪里，所以我们不能不考虑这些未来需要发生的事情。

“天灾不可防，人祸能规避”。养老保险是能够规避这些风险的有力武器，养老年金保险具有长期性、计划性、确定性和强制性的特点，能够为未来的养老生活提供一个稳定的养老金。

首先，购买养老金保险就像是为自己请了个财务管家，每月都会给自己一定的养老金额，保险以比较严格的制度克服了一些因为人性可能出现的风险和意外。养老保险有着严格的理赔制度，即使是临时支取也需要客户的签名笔迹，另外，钱从保险公司到个人账户需要几个工作日的时间，能有效地控制诈骗风险，保证老年生活经济无忧。

保险公司是个投资机构，资金庞大，拥有专业化的研究和投资队伍，可以帮助客户实现稳定的财产增值，所以对老年人来说，通过保险公司来打理自己的养老金是个不错的选择。如今，随着国家对房地产调控的加重，通过出租房产来解决养老金的问题已经变得有点不现实。上年纪后，还要操心租房等事情，让老年生活无法真正的安下心来。

保险和基金一样，拥有的时间越长，其收益也就越大，而且因为利复利的关系，越早买入保险，需要支付的金额越小，而到退休时得到的养老金额就越大。老年人退休后的开销为基本生活的花费和享受型生活花费。基本生活花费则强调安全性和计划性，投资保险是个不错的选择。

随着通货膨胀的加剧，我们在未来需要更多的养老金额，所以我们现在就要考虑未来 30 年后的养老钱，并且通过投资等手段不断地使财产实现增收，不断地使财产翻番，这样在退休后，我们依然可以维持较高的生活水平，享受生活。

保险是管理财富的手段

有个商人出海经商，当船航行到大海中央时，一场突如其来的风暴卷走了船上所有的食物和淡水，商人因躲在舱底而意外地活了下来，但因缺乏淡水而饥渴难耐，海神突然浮出水面，捧着一碗淡水问他："你看是海水多，还是我手中的水多?"商人回答："当然是一碗淡水多，海水虽然广阔无量，但对一位口渴的人而言，却不能饮用。一碗淡水虽然不多，但对于真正口渴的人，需要保命的人，却可以救他的性命。"

保险对人生来说不是锦上添花，也不是发财致富，而是雪中送炭，是能够救自己和家人脱离苦难的保命符，它能够使企业破产的人有足够的资本东山再起，使遭受意外疾病或者事故的人能够重现站立起来。就像上文中的一碗淡水，能够在最需要的时刻救人一命。

有些富豪说："我是不需要保险的，我有赚钱的企业和庞大的产业，有足够的钱照顾自己乃至子孙好几代，根本没必要买保险。"虽然富豪有足够的钱能够防范未来的风险，但是保险所具有的风险隔绝功能还是值得富豪们注意和重视的。

中国首富李嘉诚曾经说过："20 岁前靠双手勤劳赚钱，30 岁后投资理财的重要性逐渐提高，到中年时赚钱已不重要，如何管理财富最重要。"企业家们经过辛苦创业，拥有可观的财富，但市场的竞争是激烈的，没有人能够在市场上常胜不败，行业转型、企业内部矛盾、资本市场环境的变化，都可能使公司的资产大幅度缩水。

如八佰伴总裁和田一夫，在企业鼎盛的时期，在全世界各地拥有几百家百货和超市，员工人数更是高达数万人，一跃成为日本最大的百货公司，但后来却因为投资失败而破产，身无分文，不得不在高龄时进行第二次创

业，每天工作十多个小时，非常辛苦。

通过分析福布斯排行榜我们可以得知，在福布斯排行榜上，几乎每年都有一些人在悄悄消失，十多年、20年过去，在福布斯排行榜上风采依旧的富豪剩下的没有几位，或者因为企业盲目扩张或者因为自身的弱点而成为非理性消费者，从而导致企业破产。中国有句老话："三十年河东，三十年河西。"就是说任何事情都没有那么绝对，风险也是如此。一个成功的企业家挣多少钱没关系，关键是在退休时或者企业破产时都能够维持自己和家人高质量的生活，于是越来越多的企业家开始重视保险的风险承担的功能，保险成为管理财富的最好的手段。

就连李嘉诚都为自己和亲人购买了高额的人寿保险，他曾经说过："别人都说我富有，拥有很多财富，其实真正属于我个人的财富，是给自己和亲人买了充足的人寿保险。"

随着社会的进步，越来越多的企业家开始意识到风险的存在，他们开始购买保险，因为他们开始认同保险是管理财富的手段。万贯家财可能会失去，再庞大的企业帝国也可能在瞬间倒闭破产，只有保险是风雨无阻的。如因股市诈骗而闻名全球的美国安然公司总裁肯尼思，虽然安然公司在2002年的时候申请破产，肯尼斯所拥有的股票权益化为乌有，就连其家庭财产也被充作罚金，但肯尼斯具有居安思危、未雨绸缪的思想，他提前为自己购买了人寿保险，这样的话，肯尼斯从2007年开始，每年可领90万美元的保险金，还能够给自己和家人带来一份不错的生活。

相对于银行储蓄等形式，保险还具有特殊的财务杠杆作用。买保险运用的是风险管理杠杆，即只要在平时投入一份较小的保费，在我们遇到风险或者遭受意外事故的时候就可以获得数十倍乃至数百倍的经济补偿。假设某人投资投保某保险公司的一款消费型重大疾病保险，保障期为30年，每年只需缴纳400元，被保人一旦发生重大疾病，就可以获得10万元康复金，从这里我们可以得知保险中的风险杠杆就放大了250倍，而保险中的意外险放大得则会更高。这样的话，在我们遇到风险或者事故的时候，就不需要再向别人借钱、不用变卖房产等等尴尬的手段，就能够通过保险把这些风险化解，所以保险是规避风险和管理财富的最好手段。保险的另一个重要意义是保障积累财富的时间。"一夜暴富"的人毕竟是少数，人挣钱（工作报酬）和钱挣钱（理财投资）都需要一定的时间才能积累财富，也就是"财富=个人努力×时间。

同时，保险是家庭理财投资计划的"安全带"。理财投资除了考验投资者的眼光和能力，更需要人们的正常心态和耐心，揠苗助长、急功近利都是投资理财的大敌，只有长期投资、持续投资才能有效降低风险，获得财富升值。所以，投资买股票、基金或贷款买房前，同样一定要先买保险，防止投资的长期计划被意外伤害、重大疾病等急需用大笔钱的"突发事故"打乱。不中断家庭原有的投资理财计划，其实也就是增加了家庭收益，所以，保险是支撑家庭财务的重要杠杆。

不要让生活品质"被下降"

"最近怎么没见你来做美容了？"在美容院工作的小王问自己的顾客老李。

"唉，一言难尽，家里的老人病了，花了不少钱，美容也只好一个星期做一次了，生活质量直直地降了下来……"老李无奈地说道。

"其实，你应该给家人买份保险，这样在风险来临的时候，你的生活品质才不会'被下降'。"小王劝道。

在生活中，我们常常会听到对风险的两种反应：一种是风险的发生概率甚至低于万分之一，没有必要为这么小的概率买份保险；另一种是我怎么这么倒霉呢，这么小的概率偏偏发生在我身上。其实两种反应都是错误的，这是一种对人生风险认识不足的表现，所以在社会上才会听到"辛辛苦

苦三十年，一病回到解放前”的说法。由于对风险的意识不足，所以在风险到来的时候，导致生活品质的下降。

其实在现实生活中遭遇风险的几率要比买彩票中大奖的几率要高得多，现实生活中，许多发生的事故或者意外，无时无刻不在提醒着我们风险无处不在，没有人是与风险绝缘的，风险一旦发生，其后果是非常严重的，当悲剧落在你身边的时候，即使你是百万富翁，遭遇风险也有可能使你的资产出现大量的缩水，甚至资产被蒸发，生活品质一降再降，所以应该认识到风雨人生路，无论钱多钱少，保险不能少。

在风雨人生路上，人每时每刻都在作出自己的选择，因为每个人受教育或者经历的不同，所以在选择的时候也会有所差别，选择不同，自然面对的结果也就不会相同，有些选择甚至会影响我们的生活、事业轨迹，但有的人有先见之明，未雨绸缪，购买了相应的保险来承担，这样选择带来的结果也就被保险分担，这样的话，即使遭遇意外的事故，也有相应的保费来帮助他们解决这些困难。没有购买保险，可能会使毕生的积蓄化为乌有或者以其他的方式来筹钱，可能会遭遇更大的财产损失。

其实，无论你买不买保险，你都要为人生路上不确定的风险“买单”。不同的是当你购买保险后，你多了一位伙伴来帮你承担风险，这样你的担子就会轻松许多；而没有买保险的人则不得不依靠自身的力量，付出惨重的代价。

李大为和张华是同一家传媒公司的员工，二人年纪相仿，年薪也相差无几，一年下来大概有5万元左右的结余。

李大为的理财计划是用4万元来投资理财产品，如股票、基金等，剩余的1万元主要用来投资在保险上，如李大为可以选择重疾险和寿险、意外保险以及60岁后保障至终身的保险利益这样的保险组合，李大为用一年1万的金额保障了自己的一生，因为投资了保险，也没有了后顾之忧，所以李大为在投资的时候购买了一些高收益、高风险的投资产品，假设这些高风险的产品可以带来10%的收益，按照每年投资4万元，根据利复利的作用，到李大为60岁退休的时候，他的资产将会达到惊人的700多万，这些钱完全能让他在晚年过上高质量、高品质的生活。

而张华则没有选择保险，因为他觉得只要自己在生活中处处小心，完全没必要买一份保险，因而他将全部的资产全部投资在理财产品上，但是张华在投资的过程中担心自己遇到什么风险或者意外伤害事故等事情而需要钱，所以他的投资相对保守，他选择了一些保值的理财产品，假设他每年投资收益率为6%，那么每年投资5万，到张华退休时，根据复利，张华大概有400万的财产来做养生之用。

所以投资保险不但不会降低我们的收入，而且还能够保证我们的生活质量，也在遭遇风险时防止我们的生活品质“被下降”。在追求财富的路上，投资者的心态也是财富积累的关键因素，决不会因为花了钱买保险就会降低收益，相反的是，保险从根本上解决了未来风险的防御问题，能够使你更大安心、放心地去投资。另外对于很多低收入者来说，购买保险的重要性就显得更为突出，因为贫困的家庭在遇到风险的时候几乎没有抵御的能力，所以未雨绸缪，提前购买保险是必需的。

恰当的保费非但不会降低我们的生活质量，而且还具有预防我们的生活品质“被下降”，走在人生这条风风雨雨的路上，保险就是我们最好的防御风险、同甘共苦的好伙伴，是值得我们信赖的朋友。

保险是合法避税的有效工具

“迈克，我刚听说令堂去世的消息，请节哀，我的朋友，活得幸福和开心才是爱我们的人所希望的。”斯诺克看见自己的好友迈克坐在河边闷闷不乐。

“是的，活得快乐才是亲人们希望的。可是这该死的联邦法律，竟然征

收了我父亲近一半的财产，现在公司的经营开始出现了些资金问题。”迈克说。

“看来伯父并没有购买保险……”斯诺克说。

“嗯。只是购买些平常的保险，我也是听律师说，这是有效合法逃避遗产税的手段，很显然，当我们得知这个消息时，已经于事无补。”迈克说。

“这真是叫人遗憾的事情。”斯诺克毫不掩饰自己的情绪。

随着经济的发展和全球经济化，目前在世界各国，财产分配都面临着相同的问题，即世界各国之间的贫富差距、两极分化在不断地加深，两者之间的矛盾日益冲突，为了解决这个问题，很多国家都把遗产税当做调节财富分配的重要手段。如美国联邦遗产税规定：1 万美元以下的遗产，遗产税率是 18%，往后逐渐增加，超过 150 万美元的部分，遗产税率是 45%，所以在美国只要是身家超过二百万美元的富翁，其资产差不多都要上缴国家一半，传到自己子孙手中的只是一半了。

所以为了逃避这种遗产税，国外的富豪们采取的方式就是通过保险或者设立公益基金会，这两种方式中最有效的方法就是买保险。一般来说，富人的现金、股票、基金、房产、存款以及收集的古董珠宝都要计算在富翁的身家内，但富翁购买的人寿保险则不在这个范围之内，是不征收遗产税的。所以为了逃避遗产税，国外的很多富豪都买入了大量的保险，如在子女未成年的时候，以父母为投保人和受益人，孩子为保险人而投保高额全面的保险，这样保险金就是子女的财产而不用支付保费上税；还有一种是父母为投保人、儿女为受益人投资全额的全面的保险。

在我国，这样的事情也有很多，如 2003 年 12 月 7 日，某台湾富豪突发脑出血，抢救不及时去世，由于他生前并没有做节税规划，其留下的财产大约有 160 多亿，上缴遗产税高达 30 亿新台币。而 2004 年 9 月 14 日，台湾首富蔡万霖去世，由于其具有风险意识，为自己和家人先后购买了巨额的保单，其当时的身家约 1500 多亿新台币，最后只缴纳了 6 亿新台币的遗产税，为蔡家后人节省了几百亿新台币的税款。

在我国，随着城市化进程的加快，各地区之间的贫富差距日趋明显激烈，尤其是富人和贫民之间的贫富差距已经越来越明显，过于悬殊的贫富差距引发的一系列社会问题已经引起国家有关部门的注意，目前我国正在积极寻找能够避免两极分化的趋势进一步扩大的方法，借鉴国外经验征收遗产税和赠予税已经成为必然，而且为时不远，所以为了避免自己辛辛苦苦积累起来的财富被征收，也为了能够让自己的后代过上好日子，企业家和一些富豪都必须注意，学会通过为自己和家人买全面的保险来避免财产被征收，使自己的后人过上相对好点的生活。

现在很多企业家都开始明白这个道理，如做机械加工的张先生，十几年前，张先生以一台机床、一台钻床和一台普车起家，当时员工只有不到10个人，经过十多年的发展，公司不断地发展壮大，公司的员工已经近百人，添置了几台加工中心和几十台数控车床，每年公司的利润高达几千万，张先生在一位朋友的劝说下，陆续给自己和家人购买了几千万保额的重大疾病保险。

对此，张先生说："买高额保险的目的不是用来看病，而是我担心万一自己得了重病，欠企业钱的都会躲起来，而要债的人却挤满家门，这其实就是一种解决企业资金出现资不抵债情况时的一种很好的解决办法，很多企业都是因为资金出现问题，然后企业的发展才开始逐渐衰落，甚至走向破产之路。由于我的企业是家族制企业，公司所有的发展规划和战略都是由我来决定的，所以当我病了或者出现意外，这1000万的保额就是解决企业资金链最好的方法。"

在现实中，不仅个人的企业是这样，合伙的企业也会遇到这样的问题，所以在找人合作的过程中，一定要劝自己的合作伙伴去购买一定份额的保险，这样在出现意外的时候，这份保险就会发挥应有的作用，不会给企业带来很多问题，如合伙人的家人要求撤股等情况，从而导致企业的经营产生困难，但是如果合伙者的家人得到大额的保金，这样的情况发生的可能性

就会很小,所以合伙企业也应该鼓励彼此购买保险,以确保企业的长久经营。

另外,保险还是合法避税的有效工具,中国人似乎都摆脱不了为子女未来操心的宿命,父母都希望孩子在将来过得足够好,所以拼命努力工作,期望孩子能够过上好日子,所以当你准备把资产留给孩子,最好还是借助一下保险的合法避税的功能,为后代留下更多的资产。

19

了解保险的分类和内容

保险是我们的好朋友，它在你遇到风险的时候与你不离不弃，所以出于对朋友忠诚的原则，我们也要对保险这个朋友做深入的了解。了解保险的分类和内容以及它们之间的区别，从而找到更好地与保险相处的方式，实现朋友间最高的境界——双赢。

社会保险与商业保险

“你上保险了吗？有没有想过为自己买一份商业保险？”

听到这个问题，有些年轻人就会说：“我有保险啊，在单位上了社保，老了有退休金，看病能报销。买商业保险，没必要吧？”

如果你也有同样的想法，那么只能说你对于保险还没有一个全面的认识。当然，生活中的很多人，不只是年轻人，都只是知道保险是给未来的一份保障，但是对于社保和商业保险的具体内容和价值，却存在很多盲区。

20几岁时，大部分年轻人开始走出校园步入社会，走向工作岗位，开始努力赚钱，逐渐实现经济独立。随着阅历和经验的增加，加之利用一些必要的理财手段，个人收入和总资产不断增加，可与此同时，他们也会感觉到生活压力越来越大，生活的安全感和幸福感远远不如从前。当然，这与国家的经济发展有关，中国从计划经济到市场经济，从全面福利时代到1/3的福利

时代,且教育、医疗、养老的费用也越来越高,国家和企业需要负担的比例越来越小,更多的压力要靠自己扛着,所以,年轻人在踏上工作岗位的第一天开始,就应当为自己规划一下未来。

社会保险无疑是一份可靠的福利和保障,但是你可能不知道,它只是最最基本的保障,根本无法全方位满足我们的安全感需求。社保着眼于为全民提供基本保障,无论意外工伤保险、养老保险,还是医疗保险,保障都是低水平的。某位名人曾说过:"社保只能最低地保,而不是'包'。实际上,我们是包不起的!"想想看,"一刀切"的基本福利如何能够承担得起每个家庭具体的负担和费用呢?

就以医疗保险来说,社会保险只是对你实际支出医疗费用的适当承担。以北京社保为例,根据最新的政策规定:门诊医疗报销全年的自付额度是1800元,住院医疗报销的自付额度是每次1300元,也就是说,要扣掉这些自付额度之后,才能够按比例对你花费的医疗费用予以报销,而大量的自费药、康复费以及生病之后所产生的其他费用都不在社保的报销范围之内。这一部分钱,可能会是不小的一笔开支,但它依然得靠我们自己来承担。

事实上,损失还不只这些。想想看,一个人遭遇了意外或是生了重大疾病,即便经过一段时间医治好了,但健康状况和体力肯定无法和之前相比,不能够承担过去那样高强度、高负荷的工作,如此一来,收入自然会受到影响。想想看,如果这时候他身上还背负着房贷、车贷,还款能力自然也会受到影响,若是家里还有孩子和父母要照顾,势必又会让压力变得更大。社保不是万能的,病人由于工作能力"贬值"带来的损失,它是无法弥补的。即便你现在有着高收入,享受着高福利,是大家羡慕的对象,享受着公费医疗,或是有补充医疗,比一般的社保报销比例高很多,但是一旦遭遇重大疾病、意外伤害或身故,也只能是实报实销,根本不会补偿收入能力"贬值"造成的损失,更不能防止家庭经济能力受到损失。况且,即便能够享受补充医疗,一旦离开单位,福利自然也就没有了。

此时，如果你有一份相应的商业保险，比如：你认为自己的收入能力值100万，那你可以投保100万的保险，即使医疗费用只花了10万，保险公司还是会赔偿100万来弥补收入能力的损失。想一想，你还会有那么多的担忧吗？

再来说说社保养老保险。30年后，我们到了退休的年龄，而中国的老龄化趋势已经越发严重，社保基金缺口也是越大越来，未来每个月究竟能够领到多少钱，我们无法预算。到时候，如果没有额外的收入和存款，该怎么办？单靠退休金，能不能保证我们晚年生活还能像上班时那样富足？

此时，如果你有一份相应的商业保险，比如：你认为自己退休后每月需要1万元的花费才能过上有品质的养老生活，那你可以投保相应的养老金保额，不必只依靠每月一两千元的社保退休金。

商业保险也并非毫无用处。商业保险是根据个人、家庭具体的收入能力和财务目标量身打造的财务计划，不仅有报销的功能，还有给付赔偿的功能，既能解决走得太早的风险，又有解决活得太久的问题。

为此，年轻时就该把购买商业保险纳入在人生规划之中，千万不要想着等到身体发生状况后，或是等到二三十年之后自己退休了，才后悔自己高估了社保和福利保障水平。到那时，就算你再想买商业保险，保险公司也会因为身体健康程度较差和年龄较大的原因拒绝承保，即便勉强承保，保费会大幅增加，保障范围也会被压缩。

不管是养老还是医疗，年轻时都必须要有一个长远的打算。社保提供的福利无法充分抵御风险，就像单薄的衣服无法抵御严寒，如果多一份商业保险，那就如同在单薄的衣服外面加了一件羽绒服，在人生的“寒冬”时分为你提供温暖的保障，让你真正做到有备无患。

养老保险与医疗保险

“你现在办保险了吗?”在一个楼宇的转角处,一个卖保险的人问。

“办了,公司给办的社保。”刚下班的张小宁说。

“你觉得在保险中,哪些保险种类是十分重要的?”

“养老保险和医疗保险吧。”

“那么,你打算为自己的未来再增加一些防范风险的能力吗?”

“不,以后再说吧。谢谢。”

如今,在街道上常常会听到这样的对话,养老保险和医疗保险确实在工薪一族中占据着很重要的位置,对人们来说,生活中最大的风险就是未老的养老资金以及看病所需要的资金,而养老保险和医疗保险则在一定程度上缓解了人们对这部分资金的需求,所以相对于其他保险来说,养老保险和医疗保险是很受欢迎的。

所谓的养老保险就是国家和社会按照一定的比例,在劳动者工作时按月缴纳一定的费用,最少为 15 年,缴纳的时间越久,在劳动退休后所得的养老金就越多,劳动者在达到退休年龄后,由国家按月提供给劳动者物质帮助,保障其基本生活需要的一项社会福利制度。国家建立养老保险基金,并以税收优惠的形式负担部分费用,用人单位和职工按照一定的比例缴纳保费,这样劳动者到达法定的退休年龄和缴费年限时,便可以按月领取政府的养老金和享受其他的养老待遇。养老保险是我国社会保障制度的重要组成部分,对百姓的养老是很重要的一项保障,对未来的社会平衡有着积极的作用。

在我国,养老金的含义可以分为 3 个层次来了解。第一,养老保险的受益人是指在法定范围内的老年人基本或者完全退出社会生活后才自动发生作用的，这里的基本和完全是指劳动者与生产资料的脱离程度。在我国，一般劳动者达到退休年龄后，办理退休证后，便是养老保险开始起作用的时候。养老保险只是保障老年人的基本生活需求，提供可靠的生活来源。另外，养老保险是以社会保险为手段来达到保障的目的，另外，在我国，养老保险还具有强制性、互济性和普遍性的特点。养老保险和医疗保险已经是我国目前社会五大险种中最重要和最受欢迎的种类。

医疗保险全称医疗费用保险，是为补偿疾病所带来的医疗费用的一种保险，是健康保险的主要内容之一。办理医疗保险的作用主要是，当被保险人因病住院或者检查、吃药等花费较高的时候，则可以选择医疗保险进行报销一部分，目前我国的医疗保险的报销在60%左右，这样就在一定程度减缓了被保险人的经济压力，所以和其他保险一样，也是以合同的方式预先向受疾病威胁的人收取医疗保险费，并建立医疗保险资金；当被保险人患病或者意外受伤去医院就诊，产生一定的医疗费用，则可以由医疗保险机构给予一定的报销。

医疗保险的两大功能是风险转移和补偿转移，即被保险人把身上可能由疾病风险所致的经济损失分摊给所有受同样风险威胁的成员，用所有的成员缴纳的医疗保险基金来补偿被保险人由于疾病带来的一定的经济损失。目前医疗费用主要包含医生的门诊费用、药费、住院费用、护理费用、医院杂费、手术费用、各种检查费用等。

另外需要注意的是医疗保险只是针对因疾病引起的伤残负责给予报销，这里一定要注意的是“疾病”，疾病指的是由人体内部原因所导致的，如传染病或者流行性感冒，而不是由先天性的原因引起的，如先天性心脏病，则不在这个范围之内。另外还有一个条件疾病是偶然性的原因造成的，并且是可以用药物、手术等手段来进行治疗的。

在我国，常见的医疗保险有4种，即普通医疗保险、住院保险、手术保

险和特种疾病保险。这 4 种保险本质相同,却在被保内容上有着鲜明的区别。

(1)普通医疗保险。被保险人在治疗疾病时医疗机构给予一般性的补偿,如门诊费用、医药费用、检查费用、住院费用、护理费用等。普通医疗保险具有收费低的特点,适合普通的老百姓。由于医药费用和检查费用的支出难以控制,因而普通医疗保险具有免赔额和费用分担的规定,保险公司只支付免赔额以上的一定的百分比,当疾病多产生的费用累计超过保险金额的时候,保险公司不再给予赔付。

(2)住院保险。目前由于我国人口多而导致医院床位紧张,而且被保险人在住院时所发生的费用往往都很高,所以住院费用就被当做单独的一项保险种类,主要是床位费、手术费、医药费以及动用医院设备的费用,住院保险相对来说费用较高,但比较受百姓的喜欢,它从一定程度上减轻了老百姓住院时的经济压力。

(3)手术保险。这是一种专门的保险,被保险人因为疾病做手术所产生的全部费用,是一种受百姓欢迎的保险种类。

(4)综合医疗保险。基本的医疗保险中一般只包括住院保险,目前在我国,只有缴纳了综合医疗保险,保险公司才会对住院之外的一些费用如手术费等进行赔付。简单来说,综合医疗保险就是为被保险人提供的一种全面的医疗费用保险,主要包括住院费用和手术费用等,这种保险的保费比较高,保险公司在赔付的时候也是按照一定的比例进行分担或者确定一个较低的免赔额。

(5)特种疾病保险。在现实生活中,有些特殊的疾病给病人带来的往往是难以支付的高昂费用,普通的家庭难以接受,如癌症、心脏病等,这些疾病的治疗需要高昂的医药费用和手术费用,所以人们对这种保险的保险额要求比较大,以足够支付治疗疾病时所产生的各种费用,当然这种疾病的保险费也是比较高的。

养老保险和医疗保险是我国目前社会保险中最常见和最重要的组成

部分，对百姓来说，办理养老保险和医疗保险也就相当于为未来买了份保障。有了保险，才能在风险来临的时候从容不迫、淡定。所以，应该积极及时地办理养老保险和医疗保险。

财产保险：给财富一份保障

“你知道财产保险吗？它包括哪些内容？”张晓敏向同事刘丽梅问道。

“好像是关于财产的保险吧。”刘丽梅漫不经心地回答。

“有没有想过买份财产保险？”

“没有。普通的工薪族用不着吧。”

“亲，你 Out 了，你应该多了解一下财产保险，然后再做出结论。”张晓敏建议道。

“嗯，好的。我会好好看一下的，谢谢。”

在现实生活中，人们普遍关注或者比较热心的是医疗保险和养老保险这样热门的保险，对财产保险或多或少都缺乏真正的了解，就像上文中的刘丽梅一样，认为自己本身没有多少财产，根本用不着进行财产保险，其实这是对财产保险的一种误解，在国外，几乎每个家庭都购买了相应的财产保险，财产保险的知识在国外很普及。也许当我们对财产保险有着一定的了解后，我们就会改变那种财产保险事不关己的想法。

财产保险是指投保人根据合同约定，向保险公司支付一定的保险费用，在被保险人或投保人承保的财产极其有关利益因为自然灾害或者意外事故造成损失，保险公司就要按照一定的比例给予赔付。其中损失补偿是财产保险中的核心原则，即“有损失，有补偿”，“损失多少，补偿多少”。是保障个人或者家庭财产有效的武器。

财产保险是以财产及其相关利益为保险标的的保险。目前，财产保险业务包括财产损失保险、责任保险、农业保险、保证保险、信用保险等保险业务。财产保险所进行保险的财富包括物质形态和非物质形态的财产及其有关利益。物质形态的保险一般称作财产损失保险，如厂房、电厂、汽车以及家庭财产保险等。非物质保险则是指各种责任保险或者信用保险，如投资风险保险、出口信用保险、雇主责任、职业责任、产品责任等。当然，并非所有的财产及其相关利益都可以作为财产保险的保险标的。在我国，只有符合法律规定的和保险公司的相关规定才能成为财产保险的保险标的。

在我国，财产保险的种类有很多种，但是与家庭生活直接相关的主要有两种，一种是直接的家庭财产保险，也是财产保险中办理最多的种类，另一种是驾驶员第三者责任保险。

1.家庭财产保险

家庭财产保险是财产保险中咨询人数最多的，也是办理人数最多的一种保险，作为最受百姓欢迎的财产种类，其主要的优点在于花比较少的钱，就可以获得几倍或者几十倍的财产保障，当投保的财产及其利益相关的部分因自然灾害或者意外事故而遭受损失，就可以获得保险公司给予的赔付，使投保人减少在经济上面的损失，维持家庭生活品质和质量。

目前在保险公司的规定里，不能够办理财产保险的主要有下面几类：一是损失发生后无法确定具体价值的财产，如货币、文件、票证、图表、账册、有价证券、邮票、技术资料等；二是价值较低的日常生活所必需的日用消费品，如食品、粮食、烟酒、药品、化妆品等；三是法律规定不允许个人收藏、保管或拥有的财产，如枪支、弹药、爆炸物品、毒品等；四是处于危险状态下的财产；五是保险公司规定的不能够给予保险的财产。保险公司是个投资机构或者说营利机构，从风险管理的角度出发，这些没有价值或者不稳定的财产不能够给予保险。

普通家庭财产险又分为灾害损失险和盗窃险两种。灾害损失险的保险标的包括被保险人的自有财产、由被保险人代管的财产或被保险人与他人共有的财产，如家具、用具、金银珠宝、农具、工具等，家庭财产灾害损失险规定的保险责任包括火灾、爆炸、雷击、冰雹、洪水、海啸、地震、泥石流、暴风雨、空中运行物体坠落等一系列自然灾害和意外事故。另外保险公司还规定了在一些情况下发生的财产损失不给予赔付，这是在投保时需要注意的问题。

窃险的保险责任指在正常安全状态下留有明显现场痕迹的盗窃行为，致使保险财产产生损失。除自行车、助动车以外，盗窃险规定的保险标的的范围与家庭财产、灾害损失险完全一样。

2.驾驶员第三者责任险

随着经济的发展和城市化进程的不断加快，在现代生活中，汽车已经作为普通用品进入越来越多的家庭，尤其是汽车进口关税的降低和非关税壁垒的撤除，更多的家庭将拥有私家车。私家车多了起来，随之相应的交通事故也逐渐变得多起来，而驾驶员第三者责任险就是在这样的情况下发展起来的。

驾驶员第三者责任险，指被保险人允许的合格驾驶员在使用保险车辆过程中发生意外事故，致使第三者遭受人身伤亡或财产的直接损毁，依法应当由被保险人支付的赔偿金额，保险人依照保险合同的约定给予赔偿，即由保险公司来赔偿投保人所遭遇的损失，它包括个人伤害责任和财产损坏责任。

交通事故的善后处理是一件非常棘手的事情，尤其是在有人员伤亡的情况下，财产是可以用货币来衡量的，但人的生命价值却是无法用货币来衡量的，因此，交通事故发生后，如果由当事人来处理则显得难以承受，但是，如果由保险公司来承担，则会显得好多了，所以正因为如此，驾驶员第三者责任险显得尤为重要。

无论是个人还是企业，也不管是贫是富，我们都应该了解财产保险的含义，明白财产保险能够带给我们的保障，这样在未来的社会生活中，遭遇

风险时，我们就能够淡定从容地解决面临的问题，使我们的生活在遭遇风险后依旧能够多姿多彩。

人寿保险：给生命多重保护

“小明，你是新来的吧?”刚到一家装修公司工作不久的袁小明被同事孙友好问道。

“你办人寿保险了吗?”

“没有呢，像我们这样的人还办什么保险?”

“人寿保险，给生命多重保护，让自己和家人放心，尤其是在外打工，不能总让家人操心，所以办人寿保险来安慰家人担心的心理，也能够让自己更加安心地工作。”孙友好严肃地说。

“嗯。回头我问下，看看办理什么种类的人寿保险。”袁小明若有所思地回答。

在我国，人们都似乎竭力避谈关于生、老、病、死的话题，人们甚至认为是不吉利的、不吉祥的，所以民间有很多这样的俗语，如谈论到某项不吉利的事情，百姓就会说“大风刮去”或者“童言无忌”等，而保险，尤其是人寿保险，人们似乎更不愿意听到，所以当一些保险人员上门的时候有时候会遭遇到被撵出门的窘况。目前，随着保险知识的普及，人们对保险的认识越来越清楚，一些迷信或者封建的想法也都被破除。保险慢慢地也成为人们防御风险的有效手段和工具。

人寿保险亦称“生命保险”，属“人身保险”的范畴，和所有的保险业务一样，被保险人将风险转给保险公司，并按照约定支付一定的保费，但和其他保险不同的是，人寿保险是以被保险人的生命安全或者生存死亡为保险对象。投保人或被保险人向保险公司缴纳约定的保险费后，当被保险人于保险期内死亡或生存至一定年龄时，保险公司履行给付保险金的义务。人寿保险是生命的一重要保障。

目前，人寿保险可以分为死亡保险、生存保险和生死两全保险 3 种。这 3 种保险的本质是一致的，都是以投保人的生存或者死亡为依据，但 3 种保险之间的期限、内容、赔付形式等方面都有着鲜明的区别。

(1)定期死亡保险。定期死亡保险习惯上称为定期寿险，是一种以被保险人在规定期间内发生死亡事故而由保险人负责给受益人一定的保险金的一种保险形式。定期寿险的时间一般不长，主要是为一些在短期内承担一项可能会有危险而危及生命的工作而设置的，期限一般为一年左右。如果在投保的时间内，被保险人没有发生任何保险事故，那么保险公司无须支付保险金也不用返还保险费用，因而定期寿险也是人寿保险中保险费用最低的保险种类。这样的话，被保险人只需投入较小的保险费就可以得到较大的风险保障，因而这种保险对暂时从事具有危险行业而又需要保障的人员最为合适。

由于定期死亡保险具有以上的这些特点，所以在职场中很受欢迎，应用广泛，而且还可以和其他各类人寿保险相混合，以不同的组合来满足不同需要的人群。定期死亡保险成为应用最广的一种保险。

(2)终身人寿保险。终身人寿保险简称终身寿险，是指一种不定期的死亡保险，亦是一种不附生存条件的生存保险。终身寿险的保险期限是从被保险人办理保险合同一直到被保险人死亡为止，时间较长，因而这种保险的费率构成中含有储蓄因素，所以这种保险的费用要明显高于定期死亡保险的费用，事实上，终身人寿保险是接近于最长期的生死两全保险的费用。由于人的寿命都是有限的，所以终身人寿保险的保险金最终必然会支付给受益人。

(3)生存保险。生存保险是以被保险人在保险期间届满仍然生存时，保险公司依照契约所约定的金额给付保险金。生存保险和人寿保险及终身人

寿保险的不同在于，它是以被保险人的生存为条件的，也就是在被保险的期限内，如果被保险人因为意外或者疾病等因素而去世，那么他所缴纳的保险金是不予退还的，当然，如果被保险者在保险期限结束后依然活着，那么保险公司就要给予被保险者一定的费用，对年纪比较大的人来说，这笔费用正好用来养老。

办理生存保险的人主要是为了到一定的期限后，可以领取一笔保险金，以满足其生活上的需要。目前这种生存保险的办理很多，而且还与时俱进地开设了很多与其他保险种类相结合的保险方式，能够满足不同层次的人的需要。如生存保险与年金保险结合成为现行的养老保险，生存保险与死亡保险结合成为两全保险。多种多样的组合满足了人们对保险的各种需求，因而有利于其业务的普及和发展。

(4)生死两全保险。在保险公司的宣传册上，对于生死两全的保险是这样定义的:生死两全保险是指被保险人不论在保险期内死亡或生存到保险期满时，均可领取约定保险金的一种保险。生死两全保险是将生存保险和死亡保险合二为一，是与上面单一以生存或者死亡的保险不同，这种保险同时考虑生存与死亡这两个因素，因而深受百姓的欢迎。

目前在我国，生死两全保险的纯保险费中包含危险保险费与储蓄保险费，其中危险保险费随着被保险人的年龄的增加相对来说在逐年上升，但由于生死两全保险中有储蓄保险费，随着时间的流逝，储蓄保险费的逐年上升使保险费转为责任准备金的积存部分年年上升而相对使保险金额中的危险保险金逐年下降，最终到保险期届满时危险保险金额达到零，所以这种保险常常也有储蓄的味道，所以这种保险满足了人们害怕早死的那种心理，也为老年人的老年生活提供了生活上的物质保障，因此成为人寿保险中最受人欢迎和销量最大的保险种类，占据了人寿保险中大比重的市场份额。

人寿保险和养老保险及医疗保险一样重要，都在漫长的人生道路上为人提供了规避风险的功能，使人在未来的生活中更为惬意，所以不论是富人还是工薪一族都应该明白保险的分类和内容，这样才能根据自己的需要选择适合本身的保险，能够为未来的生活提供一份保障，使你的人生路更加淡定、从容。

20

明明白白买保险，我的保险我做主

保险市场上，各种各样的保险公司以及种类繁多的理财产品让我们眼花缭乱，不知道该如何进行选择，因此我们应该练就一双慧眼，能够从具体的事件中看到事情的本质，找到适合自己的保险种类。另外，保险公司还推出了分期或者定期缴纳保险费的方式，在买保险的时候，要学会利用这种方式来购买保险，这样节省下的资金就可以用于投资。

透过浮华的表象，选一家好的保险公司

小李在这个城市工作5年了，手头也有了一些积蓄，他参加了几场银行开展的免费理财观念普及讲座，并在理财师的建议下做好了一份理财计划，但理财师告诉他最好买一份能够为未来的生活提供保障的保险。想起近些年社会上发生的意外的灾害，如地震、台风等，小李觉得自己是有必要买份保险了。

小李从网上搜索，没想到出来的竟有上百家保险公司，而且保险公司的业务也有其独特之处，看着电脑上网页设计精美的保险公司，小李不知道该如何选一家较好的保险公司，这几乎成了他的一块心病。

随着经济的不断发展和理财观念的不断普及，人们对手中的金钱的应用越来越讲究效率化，即用手中的钱去挣更多的钱，实现金钱的最大利用

化和实现最大限度的利润，随着理财观念普及的同时，我国各种各样的保险公司开始不断地发展，使人们的选择面临着多样化，很多时候，人们花费很多的时间在各家保险公司之间徘徊，不知道该如何透过浮华的表象选择一家较好的保险公司。

走在街上，我们常常会听到人们在说："在众多的保险公司中选择较好的公司有什么标准？买保险是在一家买还是几家买较好？什么样的保险适合我呢？"这些问题是人们考虑最多的，也是最在乎的。

保险市场上各种各样的保险公司令人眼花缭乱，面对如此众多的保险，我们该如何进行选择呢？首先我们不能只从表现上看哪家公司广告多、声势大、促销力度强，而是要透过这些浮华的表象和根据自己的实际需要选择最适合自己的保险公司。

对保险公司来说，最重要的品质就是财务稳定，只有财务稳定，才会给被保险人带来投保资产的安全和收益。保险公司的商业模式是负债经营，被保险人缴纳的保险费用并不是公司的资产，而是公司的负债，而且在未来的一段时间内是要以保险金的形式还给顾客的，所以，对保险公司来说，没有什么比财务稳健更具有说服力，保险公司最重要的就是信誉度，被百姓和投资者信任，所以保险公司图的不是一时的声名鹊起，而是长久地安全可靠，对投资者来说，没什么比财产的安全更加重要了。在保险公司，其财务稳健主要表现在下面的几个方面：

(1)产品精算。一般来说，保险公司都有专门的财产精算人，就像保险公司里的产品，好的保险产品是保险公司利益和客户利益平衡的结果，如果保险公司背离了平衡的原则，选择较低的成本去卖，则必然会导致收入减少，造成以后减少服务、降低承诺兑现率把本捞回来，对被保险人来说，这笔损失是由自身承担的，所谓"羊毛出在羊身上"，这样的话，被保险人就会降低对这家保险公司的信任，又或者为追求短期市场目标，不计成本打折促销，即所谓"高回报"产品，或者不顾实际财务条件承诺超标分红，看起

来被保险人好像是占了许多便宜，但低价销售就会影响公司的资产利润，影响了公司长期的偿付充足率，最终可能导致对被保险人的长期承诺无法兑现，从而失去被保险人的信用，得不偿失。

(2)管理节约。保险公司是负债经营的模式，公司里的每一笔资产在未来的时间段内是要还给被保险人的，相当于在为被保险人管理资产，必须精打细算，严格控制经营费用，这样才能减少管理成本。虽然市面上不乏看起来奢侈豪华、一掷千金的保险公司，这些保险公司实际上都是在浪费客户的钱；如有些保险公司的广告运营成本投入过大、不计成本盲目追求市场占有率，这些保险公司表面上看起来是占据了市场的一定份额，但实际上是赢了面子，输了里子，得了一时风光，输了长期承诺，必然会因过度奢侈付出代价。

(3)投资审慎。对保险公司来说，最重要的就是用被保险人的保险费来进行投资理财，因其特有的性质，保险公司投资必须以资金安全稳健为首要原则，在确保安全的情况下追求增值和回报。在保险业内不乏金融危机中很多保险公司投资次级债而损失惨重。保险公司最重要的就是在规定的时间内能够实现自己的承诺，这样才能获得被保险人的信用，发展和壮大公司，所以保险公司的投资要着眼于长期的、有稳定的回报，哪怕每年增值率略低一些，但年复一年的复利最终会获得丰厚的回报，这样的话，保险公司就有资产实现自身对被保险人的承诺。

诚然，在我国，随着经济的发展和理财观念的普及，各种保险公司如同雨后春笋争先恐后地冒了出来，所以我们在选择的时候一定要学会透过浮华的表象选择一家好的保险公司，这样才能为我们未来的生活提供一份保障，使我们能够更加从容地面对风险的到来。

是不是去银行买保险更安全？

“听说你打算购买保险，有什么较好的选择吗？”在茶水间，李大维问自己的同事张宝林。

“没有。上周末看了几家保险公司，各种各样的保险种类让我眼花缭乱，不知该如何选择？”张宝林说。

“现在银行不是也在销售保险吗？去银行买保险应该会相对安全吧。”李大维说。

“应该是这样，我这周末去银行看看有没有合适的保险。”张宝林说。

随着保险公司数量的增多，为了拉拢客户，很多保险公司都在银行开通了买卖保险的业务，所以很多客户就会在心里想：现在银行也在卖保险，是不是去银行买保险更有保障、服务更专业和周到呢？其实不是这样的。

为了实现最大化的收益，各商业银行的经营日益多元化，如依托信息网络发达的营业网络代销基金、保险等各种投资理财产品，银行的保险业务也就迅速发展起来了，尤其是近几年经济不断发展和理财观念的普及，保险出现了火热的局面，银行保险市场更是出现了“井喷”现象。当然，事实上，这是因为老百姓对银行的信任，误认为银行销售的保险值得信赖，而且有银行的资产来做保障，同时银行保险的销售人员的专业态度，更使得百姓觉得在银行买保险更加安全。

事实上，就像银行也代收小区物业等费用一样，银行只是为保险公司提供代销渠道赚取手续费而已，银行并不对自己销售的保险产品承担任何担保责任，当购买保险的客户发生理赔的时候还是需要去找保险公司，即使客户觉得在银行销售时没有尽到说明的义务尤其是对购买保险的风险

没有清楚的解释，银行也只是提供代销渠道而已，最终客户还是去找保险公司。当然，在银行购买保险，一般销售保险的人员受到专业训练是比较有限的，并不能根据客户的情况进行具体情况具体分析，为客户提供各种保险产品的挑选、搭配和组合。

目前在银行进行代销的保险产品种类比较有限。事实上，保险公司通过银行代销的保险产品往往是保障内容较简单的短期储蓄型、分红型产品，附加赔偿概率较低的意外险和单一重疾险、定期寿险，这些产品的内容简单，客户只需要用心阅读说明就会明白这些产品的局限性和保障范围。而对于那些保障内容较多、保障期限较长的医疗保险、养老保险及人寿保险等主力产品则不会通过银行代销，这些产品的内容较为复杂，需要由专业的代理人向客户详细解释。很显然，银行缺乏专业的代理人。

很多银行代卖保险产品时都更加强调附加在上面的投资理财内容，而且为了吸引客户往往会用假设收益水平来增加保险产品的吸引力。但这些产品终究还是保险产品，保障才是保险的本质。而且从短期上来看，保险产品的收益是无法与债券、基金及银行理财产品争高低的，所以很多客户在银行购买保险的时候，其实是冲着银行提供的假设收益水平而设定的，但这些收益毕竟是假设的，并不是承诺收益，也就是说不一定能够达到。保险产品是为未来的风险做保障的，只有长期持有才会获得一定的收益。另外还需要注意的就是在保险期限内如果客户急需用钱而要求中途退保的话，只能按照保单的现金价值退钱，不但享受不到分红收益，而且还有可能损失本金。

另外，有些银行的保险产品在宣传资料上写的预期收益很高，高达百分之十几，其实你应该仔细看，也许这并不是一年的收益率，而是5年的收益率的总和。很多客户是贪图在银行购买保险方便，减少了交通费用和时间、精力的付出，但在银行购买时一定要学会睁大眼睛，仔细看看银行保险的宣传单，不要被表面的收益率而迷惑，另外在发生理赔或者变更信息的时候，银行是不负责办理的，客户只有去保险公司，不能享受专属的代理人上门服务的业务。

银行保险销售人员对保险的认识一般就在理财初级阶段，不能够为客户提供良好的服务选择，而且销售人员往往会有一定的业绩标准，所以这些销售人员主要还是从银行和保险公司的角度去推销产品，不能做到像优秀的代理人那样站在客户的角度去量体裁衣、搭配组合各种产品、设计整套保险方案，而且在售后也不能主动跟踪，为客户提供更好的理财计划。而且代理人和销售人员是不一样的，他们的工资收益主要是来源于客户的认可和努力，所以代理人会珍惜每一位客户，并努力为客户提供良好的服务。

所以在银行不能够为客户的财产安全提供任何保障，所以建议投保人选择优秀的保险代理人，在银行购买保险虽然在前期为你节省一段时间，却增加了你日后的麻烦，所以还是建议选择优秀的保险代理人。

如何缴纳保险费最划算?

经过一番考察后，我们决定购买某种类的保险产品，但我们很快就会遇到如何缴纳保险费用最划算的问题，因为不同的保险公司、不同产品，其缴费的方式也是不相同的，缴费期短，总保费低些，缴费时间久的总保费高些，究竟怎样缴费才能实现利益最大化呢?

目前各保险公司的保险种类很多，如消费型的保险是一年缴一次，其他保险的交费方式分为分期缴费和一次性缴两种。分期缴费又分 5 年缴、10 年缴、20 年缴、30 年缴、年缴至 59 岁等多种方式。总体来说，缴费期越短，所缴的总保费就越低。

在购买保险的时候，很多人就认为，买保险就应该趁自己有钱时而选

择一次性缴费的方式，缴清所有的保险费用，这样既省时省力而且还不用多做财产预算，觉得一次性付出有些优惠可以拿。这种想法在被保险人中很普遍，其实这是一种错误的想法，是存在误区的。缴费时间的长短要根据理财产品的不同以及客户的投资能力等方面具体的问题具体分析，这样才能使得自己的收益实现最大化。

虽然在购买储蓄型的重疾险和寿险，如果采取一次性缴或短期缴费的方式，虽然总保费会少一些，但购买保险却没有起到放大保障杠杆和用较长时间分摊风险的作用；一次性投资几十万元购买利息较低的重疾保险，会造成大量资金闲置在保险里，从而失去用这笔资金进行投资其他较高收益理财产品的机会，这样的话就会减少理财的收入。当然，如果采取长期缴费的方式，而将这些资金用来购买比较稳健的债券型基金，就会利用这笔钱获得较好的收益。

因此，对于一些理财产品还是采取长期分期缴费的方式来进行缴费，如对于储蓄型的重疾险和寿险，40 岁以下的投保人最好采取 20 年缴清或者 30 年缴清的方式购买保障型保险，就像付首付买房一样进行分期付款，这样的话，每年只需缴纳较低的保费而享有较高额的保险保障，年龄比较大的人，其保费应该从其开始办保险缴纳到其退休时比较好，尽量避免退休后还要再缴保费的情况，确保自己的晚年生活安宁平静。

和基金一样，购买的时间越早，数额越多，复利生息的收益就会越高，所以在购买理财型保险时可以采用一次性缴清或者短期缴清的方式，另外尽量延伸保险的时间期限，这样的话就会实现复利生息，使自己的保险费增长。

在购买养老金以及教育金的投保人，则应该根据自己的职业和家庭收入的稳定情况来决定如何缴纳保费，对于那些职业稳定和家庭收入稳定的投保人来说，缴费期尽量以 10 年到 20 年之间为期限，因为收入稳定使其具有长期缴纳的能力；而对于那些收入不稳定的人来说，最好的方式就是尽快缴清，另外不要选择长期分期缴纳，以免在收入较少的时候让保险费用成为经济负担。

当然，对那些投资理财能力较强的家庭来说，最好的方式就是选择长期缴纳保费，这样才会有多余的资金去选择投资工具进行理财，只要其收益高于理财型保险收益，这样就能实现自己手中资产最大的利润化，当然，在选择的时候尽量选择缴纳少许保费、解放更多的钱去投资，就像很多家庭明明有钱也不愿意一次性付清房款一样。当然，在投资的时候尽量选择那些收益较高的产品，投资最低的标准要超过保险产品的收益，这样才能使手中的资产不断地实现增值。

保险公司的理财产品内有投资性保险的种类，这种保险是保险公司帮助投保人投资于股票或者基金的产品，然而由于股市和基金市场的波动较大，风险较大，所以最好采用月缴的方式来进行投资，这样能够有效地避免风险，根据市场的情况及时决定这个月的保费还缴不缴，比一次性将资金投保给保险公司更有主动性，当然，有投资经验的客户如果想获得较高的投资收益，还可以利用市场价格波段采取“高抛低吸”，利用保险公司投连险转换账户不收费的优点，在保本的货币型账户和有风险的股票型账户之间灵活转换，实现最大的收益化。

如果购买了储蓄型或者投资理财型的保险产品，在保险的期限内，投保人因为各种情况出现资金短缺，无法继续负担保费，这时候有些人就会因为暂时遇到的这些困难而选择强行退保，但需要注意的是，如果退保，只会退给“现金价值”，而“现金价值”在购买保险的头几年比较低，越到后来，累加速度才开始加快。因为一点困难就选择强行退保会造成不小的经济损失，所以在选择退保的时候一定要三思，或者可以采取“中止”和“减额缴清”的方式来尽量减少经济损失。

保险公司对于继续缴费确有困难的客户，为他们提供了“减额付清”和“中止”两种选择，这样的话，投保人的资产就不会出现本金受损的情况，但

并不是所有的保险产品都有“减额付清”的条款，投保人要在投保前认真看条款。

在购买保险的时候应该根据自己的实际情况和投资理财能力的大小来选出最适合自己的缴纳保费的方式，另外还需要注意的就是保险的种类不同，对缴费的方式也有一定的要求，在投资之前一定要仔细阅读保险公司给的说明书，以免遗憾的场面出现。

21

绕开陷阱，走出投保误区

和其他投资工具一样，保险也存在误区，一旦踏入，就有可能会使保险失去保障的功能，使你在未来遭受重大的损失，所以在选择投资保险的时候，一定要学会小心谨慎，在签合同的时候，要一条条地阅读，这样才能避免出现保险漏洞。买保险的时候一定要注重细节，很多理赔款失败都是败在细节上。有时候，细节真的可以决定成败。

别拿保险和储蓄比较

袁世友先生是一家传媒公司的行政主管，年薪十多万，但是即使是年薪十多万，袁世友先生依然觉得自己的负担很重，房贷、车贷、养车费用、养孩子等每月各项支出加起来近万元，袁先生的妻子没有参加工作，是全职太太，家里只靠他一人的收入来生活。据袁先生说，他本来是有些存款的，都用来进行投资了，袁先生的一家都没有办保险，对此袁先生曾经解释说："我主要是觉得保险没有太大的实际意义，养老的、教育的，觉得就好像是储蓄，又没多大意思。纯消费型的，出事的概率毕竟很小，应该不会发生在我们身上；我的原则就是年轻时拼命赚钱、存钱，进行投资不断地实现资产的翻番，到老了那就是我的'保险'。"

袁世友先生的想法代表了如今社会很多人的看法，但这是一个很典型

的认识上的误区。保险，最重要的就是分避风险的功能，就是为投保人在投保期限内提供一种保障，保险是一种很重要的投资，如对于经济条件不是很宽裕的人，万一在保期内发生了风险，保险公司就会为投保人带来一笔资金，以解决经济不富裕家庭面临的困难；而对有钱人来说，这些保险能够保障他们在未来保期内拥有的资产安全。

因此，别拿保险和储蓄比较，相对储蓄而言，保险能以较小的费用换取较大的保障，在保期内一旦发生各种意外的风险，保险能够提供非常可靠的保障，是远远超过保费投入的，所以要学会绕开投保误区，误把保险当做储蓄。

当然，把钱储蓄在银行里是一种美德，它能够为我们带来安全感，带来心灵上的慰藉，于是，中国成为世界上储蓄率最高的几个国家之一，而且每年以 1 万亿元增加。目前，中国人的消费率太低，经济的增长主要靠投资来拉动，即靠消费来拉动，但把钱存在银行里，明显降低了消费拉动经济增长的趋势。

其实，收入增加后，除了储蓄之外，我们还要留出部分资金购买保险。通过保险，我们可以把未来生活中许多不可预知的风险转嫁给保险公司，这样才能给家庭和个人带来更加持久的安全感。在发达国家，很多人把个人工资的 1/3 用来买保险，把生病、养老等统统交给保险公司去打理，剩余的工资如何消费完全根据个人心意，因为完全没有后顾之忧，这样就可以自由地享受生活的快乐。

随着经济的不断发展，保险逐渐走进普通的家庭，被越来越多的人所认识和接受，然而，由于许多人缺乏相关的保险与银行储蓄方面的知识，而觉得保险只是储蓄的另一种方式，实际上这是一种很错误或者十分不理智的行为，其结果可能会与投保人想的截然相反。我们可以从下面的几个方面来对比一下二者的区别。

1.从预防风险上看

其实保险和银行储蓄都能作为将来风险的一种保障，但它们之间有着很大的区别，银行存款只是一种自助行为，没有把风险转移出去，而保险则不同，保险是把风险转移给保险公司，和众人之力共同承担风险，是一种互助合作的行为。

2.从约期收益上看

从收益上来看，保险具有稳定性的特点，其利率是确定的，而保险则不同，你能够得到的钱是不能事先确定的，它取决于在保险期限内是否有意外事故发生，而且这种费用一般是几倍或者几十倍于你的投保金额，是一种很好的防御风险的产品。另外从所有权上看，你把钱存在银行里还是你的，而购买保险则不是，而是保险公司所有，保险公司按照一定的规章制度履行义务。

所以在进行保险投资之前，要弄清楚保险的主要作用是分避风险，银行储蓄的主要作用是资金的安全及一定的受益。而这两者之间究竟哪种方式比较适合自己，则需要你根据自身的情况，如经济状况、身体条件、风险防范等方面作出最恰当的选择，别拿保险和储蓄作比较。

买保险时，一定要抠细节

“听说，你前些天出了车祸事故，没事吧？”张大勇问同事何文贤。

“没事，是那天太累了，又喝了点酒，不小心行驶撞了下栏杆，幸亏反应及时，不然后果真是不堪设想啊。下次可再也不敢酒后驾车了。”何文贤一脸痛苦地说。

“保险公司进行理赔了吗？”张大勇说。

“没有。事故报上去后，我才知道当初在购买保险，签合同时有一条规

定:被保险人酒后驾驶出现的意外事故,保险公司不予以报销。”何文贤说。

“购买保险的时候,一定要注意这些细节啊……”张大勇感叹道。

随着经济的发展和私家车的不断普及,人们对保险的需求是日趋强烈,现在买保险已不是什么新鲜事了,很多人越来越意识到应该给自己的未来提供一份保障,然而,随着保险的热销,也出现了很多问题,如很多投保人认为投保容易理赔难,而保险公司觉得很委屈,自己是按照保险合同来处理事情的,为什么会出现这样的情况呢?这与投保人的保险知识以及业务员在给客户介绍保险时没有尽心尽力为投保人详细介绍保险的情况和需要注意的细节有关。有的时候,细节能够决定成败,决定是否进行理赔。

在购买保险的时候,保险公司都会签订正式的合同,在合同中,任何一家保险公司都会规定“投保范围”。在合同中,如果投保人没有注意到各种小细节,如投保人的年龄与身份证上不相符或者投保人没有《保险法》规定的保险利益,那么保险公司完全可以拒赔。那样的话,投资保险就会给自己的资产带来损失。

一般来说,保险合同签订后会有一个观察期,一般为6个月,也就是说你的投保在观察期内发生意外,保险公司是不给予赔偿的,这样做是为了防止恶意诈保事件的发生,是保险公司的一种规避风险的举措。同时,一般合同中,在保险条款中还会有明确“责任免除”条款规定,如某保险公司就曾经这样规定:“因下列情形之一导致被保险人身故、身体高度残疾或患重大疾病,本公司不负保险责任:

(1)投保人或受益人的故意行为;

(2)被保险人故意犯罪或拒捕、自杀或故意自伤;

(3)被保险人殴斗、醉酒、服用、吸食或注射毒品;

(4)被保险人酒后驾驶、无合法有效驾驶证驾驶,或驾驶无有效行驶证的机动交通工具;

(5)被保险人因整容手术或其他内、外科手术导致医疗事故;

（6）被保险人未遵医嘱，私自服用、涂用、注射药物；

（7）被保险人从事潜水、跳伞、攀岩、蹦极、驾驶滑翔机、探险、摔跤、武术比赛、特技表演、赛马、赛车等高风险运动……”不同的保险种类在责任免除的条款中规定不尽相同，所以在填写保单的时候必须注意是否有相应的情况，以免日后出现争议。

另外购买保单，还需要按照合同规定按时缴费，如果投保人在规定的日期内没有缴费，一般来说保险公司会给予一定的期限，一般不超过60天。在60天内发生意外，保险公司是给予赔偿的，一旦超过60天，保险公司就会根据保单的现金价值自动垫付使保单有效，若垫付费不足，则保单效用中止，发生事故，保险公司不再承担责任。

在现实生活中，很多人之所以对保险的购买犹豫不决，主要是觉得“投保容易理赔难”。事实上，理赔难不仅损害了投保人的利益，而且还给保险公司的信誉带来极大的伤害，保险公司就是以信誉度赖以取得客户信任，赢得生存。其实“投保容易理赔难”只是对保险公司业务的一种误解，在购买保单和平时的生活中严格地遵守保险条款上的约定，注意细节，理赔并不是一件很难的事情。

要想在发生事故时获得较快、准确的赔偿，通常要做到以下几点：

首先是要及时地向保险公司报案。报案是保险索赔的第一个环节。一般而言，投保人最好在事故发生的10日之内通知保险公司，当然，这在合同中一般都会有明确的规定，要按照合同中的约定及时报案，同时将事故的性质、原因以及受伤害的程度上报给保险公司，以便保险公司派人予以调查，尽快确立赔偿。

其次，案件要符合责任范围。一般来说，报案后，保险公司的业务员就会很快地告诉投保人其发生的事故是否在保险的责任人范围之内，同时投保人也可以阅读保险条款、向代理人咨询或者保险公司热线电话进行咨询、确认。在保险条款中有些是不予以赔偿的，如自杀、吸毒、自己注射药物或

者进行攀岩等危险运动时引起的事故，保险公司是不予以赔偿的。

最后是投保人要向保险公司提供索赔资料。我国是法治社会，任何事情都讲究证据。对保险公司来说，投保人提供的索赔资料是进行理赔与否的重要依据，索赔资料大抵有以下 3 类：一是事故类证明，如意外事故证明、死亡证明、伤残证明、销户证明；二是医疗类证明，如诊断证明、病理血液检验报告、医疗费用收据及清单、手术证明及处方等；三是受益人身份证明及与被保险人关系证明。这些资料最好及时地上缴给保险公司，并尽量提供详细的资料，以帮助保险公司确定理赔的快速便捷。

如某年在城区发生了一起恶性车祸事件，遇难者中有一位本地大学的学生，这个学生曾经在学校投保了某公司的意外保险、重大疾病险等。

校方在获悉后，于次日向该公司报了案。保险公司接到报案后，立刻派人做了相关的调查，并立即启动相关重大事件理赔处理程序，迅速确定保险责任，简化理赔手续，很快就作出了决定，给予学生家属 20 万元的理赔款。

在这件交通事故理赔案件中，校方及时根据学生的情况报案，确保了理赔的顺利进行，而且保险公司的行动很快，调查取证后，很快便将理赔款交到学生家属手上。所以只要注意细节，理赔并不是件很难的事情。

所以，我们在购买保险的时候一定要从细节上着手，不同的保险种类对投保人发生事故时理赔的顺利与否完全取决于投保人在保险合同规定的各种条款内行事，这样万一发生意外的时候，投保人就可以及时上报保险公司，并便捷地获得理赔款，帮助投保人渡过这次难关，从容淡定地面对人生。